DE LA

CURE D'EAU FROIDE

DE L'IMPRIMERIE DE CRAPELET

RUE DE VAUGIRARD, 9

PANORAMA DE DIVONNE ET DU LAC DE GENÈVE.

DE LA

CURE D'EAU FROIDE

COMPTE RENDU

DES

TRAVAUX ACCOMPLIS PENDANT L'ANNÉE 1851

A L'INSTITUT HYDROTHÉRAPIQUE

DE DIVONNE (AIN)

Par le Docteur **PAUL VIDART**

PARIS

J. CHERBULIEZ, LIBRAIRE-ÉDITEUR

PLACE DE L'ORATOIRE DU LOUVRE, 6

GENÈVE, MÊME MAISON

1852

AVANT-PROPOS.

Mes chers Confrères,

Selon la promesse que je vous ai faite l'an dernier, je viens aujourd'hui ajouter à mes travaux de 1850 le compte rendu de ceux qui se sont accomplis pendant l'année 1851, et vous remercier de votre active et bienveillante participation au développement extraordinaire que Divonne a su atteindre dans un si court espace de temps, et à la place importante qui lui est désormais acquise parmi les autres établissements hydrothérapiques.

Ce travail n'aura peut-être pas toute l'étendue du dernier que j'ai eu l'honneur de vous adresser, sous le titre de : *Études pratiques sur l'hydrothérapie*, non pas que les matériaux aient fait défaut

1

cette année, au contraire; mais bien parce que
j'ai cru reconnaître que, si ce mode de publication
primitivement adopté avait d'immenses avantages
pour la science, il pouvait aussi présenter de
graves inconvénients, en éveillant quelques sus-
ceptibilités que je ne voudrais faire naître à aucun
prix.

Escortée de l'analyse des faits et des symptômes,
l'observation clinique, qui seule met clairement
en évidence, sous les yeux du praticien, l'action
plus ou moins efficace de tel ou tel agent thérapeutique, devait, au point de vue de l'hydrothérapie, faire mieux ressortir toutes les ressources
qu'offre cette méthode dans certains cas donnés.
En effet, ce genre d'exposition, qui sera toujours
le plus solide argument en faveur d'un système
médical, avait précisément été choisi par moi,
pour jeter d'une main plus ferme les fondements
scientifiques de cette doctrine; mais j'ai cru devoir
abandonner pour mes publications annuelles, le
plan que je m'étais tracé et le sacrifier à l'intérêt
moral des malades placés sous mes soins.

Je chercherai donc à l'avenir à prendre un juste
milieu; ainsi, tout en dépouillant la description

de la maladie de ce qu'elle peut avoir de personnel, d'individuel pour le malade, je m'efforcerai de grouper d'une manière générale, mais non sans quelques détails rigoureusement indispensables, tous les symptômes inhérents à la maladie, en passant sous silence les circonstances commémoratives ou historiques propres au malade. Deux ou trois fois peut-être, je serai infidèle à mon plan, mais cela n'arrivera que dans certains cas exceptionnels du plus haut intérêt, ou bien lorsque j'aurai demandé et obtenu du malade l'autorisation de publier son observation. En résumé, je mettrai sous vos yeux l'*âge*, le *sexe*, le *tempérament;* je désignerai la *maladie*, les *symptômes généraux* qu'elle présente; je rappellerai les *causes* quand elles me seront connues; *son siége*, quand cela sera nécessaire; j'énumérerai tous les *moyens* mis en usage pour la combattre, en donnant à chaque observation les différents degrés de température de l'eau employée; j'indiquerai la *durée* du traitement et le *résultat* obtenu. Il est utile de rappeler à ce sujet, qu'on ne se sert à Divonne que du thermomètre de Réaumur. Quant à la désignation des résultats, je serai aussi plus bref que dans mon dernier compte rendu : ainsi, je me bornerai à les représenter par ces trois termes : 1° *guérison*, qui implique l'idée d'une guérison radicale et sans récidive jusqu'à ce jour ; 2° *amélioration*, qui laisse supposer une guérison incomplète avec nécessité d'une deuxième cure ; 3° *insuccès*, ou résultat négatif. Ce dernier terme, placé au bas d'une observation, ne vous indiquera pas toujours que l'hydrothérapie a échoué, il s'appliquera quelquefois, comme vous pourrez facilement vous en convaincre, à certains malades atteints d'affections *matériellement* incurables, qui, séduits par un espoir trompeur ont voulu chercher dans la cure d'eau froide un suprême et dernier recours, et qui quelques jours après leur arrivée, ont été éconduits sans que le traitement ait même été appliqué.

Cet exposé sera suivi d'une lettre que j'eus l'honneur d'adresser il y a un mois à peine à un de nos honorables confrères, M. le docteur Félix Roubaud, en réponse à un article peu bienveillant, publié le 8 janvier 1852 dans le journal *l'Illustration*, à propos de la mort de Priessnitz ; M. le docteur Roubaud, collaborateur de ce journal, usant, dit-il, du droit qu'a *l'histoire de rendre ses arrêts sur toutes les tombes qui se ferment*, s'est, dans cet

article, abandonné sans mesure et sans miséri -
corde, à la diatribe la plus acerbe et la plus injuste
contre Priessnitz et l'hydrothérapie : ainsi, aux
yeux de M. Roubaud, Priessnitz ne serait pas le
créateur de l'hydrothérapie *proprement dite*, de cette
doctrine qui aujourd'hui compte tant de zélés partisans, non-seulement parmi les malades auxquels
elle a rendu la santé, mais encore parmi des médecins consciencieux qui, abdiquant tout sentiment
d'amour-propre et de vanité doctorale et guidés
par l'intérêt seul de l'humanité, s'accordent à rele-
ver et à continuer l'œuvre d'un profane, celle du
paysan silésien, en donnant une explication ration-
nelle à l'action de l'eau froide jugée et appréciée
instinctivement par Priessnitz. A entendre M. Roubaud, l'hydrothérapie serait fille de la crédulité et
du charlatanisme, et ce que nous soutenons aujour-
d'hui comme une doctrine dont les bases déjà s'é-
tendent au loin, ne serait pour lui que la stérile
répétition des erreurs avancées aux premiers jours
du xviii⁰ siècle. J'ai détruit une à une toutes les
autres assertions aussi mensongères que renfermait
cet article, et je n'ai pu obtenir l'insertion de ma
réplique. Je ne sais si je ne dois pas en féliciter
M. Roubaud, car la polémique ne se serait certes

pas engagée à armes égales, M. Roubaud n'aurait
eu pour lui que son opinion personnelle, et j'aurais eu à lui opposer la brutalité des faits.

Je crois donc utile, mes chers confrères, de vous
faire connaître ma réponse, elle servira d'introduction par le coup d'œil historique qu'elle jette sur
l'hydrothérapie en général, et sur Priessnitz en
particulier ; et pour l'honneur de la spécialité que
je professe avec la conviction la plus sincère ,
j'aurai en outre la satisfaction d'avoir rétabli les
faits dans toute leur exactitude.

Oui, je l'espère, l'hydrothérapie, jeune encore,
sera bientôt appelée à jouer un grand rôle, à con-
quérir une place plus importante dans l'art de
guérir ; elle s'enrichit chaque jour d'une multitude
de témoignages authentiques , garantis par une
observation exacte et sévère , et ainsi armée de
toutes pièces elle pourra bientôt désarmer ses dé-
tracteurs et ramener à plus de modération quelques
esprits sceptiques et atrabilaires qui n'admettent
que ce qu'ils ont eux-mêmes inventé et ne croient
que ce qu'ils peuvent comprendre.

Je n'admets pas l'incrédulité quand , pour juger
une doctrine au point de vue théorique , il n'est

besoin de faire appel qu'au bon sens et au simple raisonnement ; je l'admets encore moins au point de vue pratique quand les faits parlent d'eux-mêmes : en effet, tel que le comporte l'état actuel de nos connaissances, la théorie si naturelle de l'hydrothérapie n'est-elle pas des plus satisfaisantes? N'offre-t-elle pas une garantie imposante en prenant son point d'appui sur l'hygiène, qui, de tout temps, a présenté l'emploi raisonné de l'eau froide comme un des plus puissants moyens qui soient à notre disposition pour conserver la santé ?

Comment conserve-t-elle la santé? N'est-ce pas en maintenant dans les forces vitales un juste équilibre, nécessaire au libre jeu de nos organes? La maladie n'étant que la rupture momentanée ou prolongée de ce même équilibre, est-il absurde de croire que le même agent qui peut le maintenir, peut aussi le rétablir, en réveillant l'énergie de ces mêmes forces vitales qui, dans le langage scientifique, prennent alors le nom de forces médicatrices?

La médecine n'est-elle pas toujours, malgré ses réformes contemporaines, et même à raison de ces réformes, un sujet inépuisable de méditations ; et ne devons-nous pas tous, dans l'intérêt de l'art

et de l'humanité, en n'abaissant pas notre sublime
mission à une pratique routinière, aller franchement à la recherche de la vérité, et nous rappeler
quelquefois cette belle sentence de Bacon :

> Non excogitandum est quid natura
> Faciat, aut sentiat, sed inveniendum.... ?

PRIESSNITZ EST MORT !

RÉPONSE A UN ARTICLE CRITIQUE

PUBLIÉ DANS *L'ILLUSTRATION*, LE 8 JANVIER 1852,

PAR M. LE Dr ROUBAUD,

ET COMMENÇANT PAR CES MOTS : PRIESSNITZ EST MORT!

MONSIEUR ET TRÈS-HONORÉ CONFRÈRE,

L'histoire, dites-vous, *a le droit de rendre ses arrêts sur toutes les tombes qui se ferment;* je partage entièrement votre avis : il serait seulement à désirer que ses arrêts fussent prononcés en son nom, avec un esprit équitable et impartial, exempt de toute prévention ; qu'à côté du blâme on présentât l'éloge et qu'en regard des fautes commises on fît ressortir les services qui ont pu être rendus : or, je dois avouer que la mordante et spirituelle critique dont est empreint votre article m'a paru beaucoup trop sévère et capable d'égarer, par ses fausses interprétations, tous ceux qui n'auraient pas encore appré-

cié l'importance et la valeur de l'hydrothérapie.
Du reste, les assertions peu bienveillantes et même
injustes que vous avouez avoir puisées dans l'ouvrage du docteur Ehrenberg, publié en 1842, doivent céder devant les témoignages d'hommes éminemment instruits, honorables et désintéressés,
tels que les docteurs Scoutteten, Schedel, Bache-
lier, Heidenhain, etc., qui ont tous vu Priessnitz
à l'œuvre au milieu de ses malades, et qui, sans
passion et sans enthousiasme, ont rendu compte
de leurs investigations.

Ainsi, en débutant, vous convenez qu'il existe
deux sortes d'hydrothérapie, *l'hydrothérapie ration-
nelle* et *l'hydrothérapie excentrique*, et que Priessnitz, à qui le public attribue généralement l'invention de ce mode de traitement, n'a inventé ni
l'une ni l'autre, *pas même* l'hydrothérapie excentrique. Vous cherchez aussi à établir une sorte de
corrélation entre ce dernier et le capucin Bernard
de Castrogianna, qu'on peut considérer, dites-vous,
comme le devancier immédiat de Priessnitz. Ces
deux assertions renferment une grave et profonde
erreur ou une idée préconçue ; je vous accorde volontiers que Priessnitz n'a pas inventé l'usage de
l'eau froide dans le traitement des maladies, puisque vous reconnaissez vous-même que cet usage
remonte à la plus haute antiquité ; mais ce que
l'autorité des faits me permet d'affirmer, à mon

tour, c'est que Priessnitz est le premier qui, à l'empirisme le plus aveugle, ait fait succéder une véritable méthode; bien plus, *il a créé* plusieurs modes
d'application de l'eau froide dignes de fixer l'attention de tous les praticiens : l'idée de l'enveloppement dans les couvertures de laine produisant la
sueur, et suivi de l'immersion dans l'eau froide
lui a été probablement suggérée par cette ancienne
coutume, introduite de temps immémorial dans
l'hygiène populaire de la Russie et des pays voi-
sins; mais ce mode de traitement qui, dans le
principe, reçut le nom d'*hydrosudopathie*, ne
fut plus employé par Priessnitz que dans certains cas exceptionnels, et remplacé par *l'enveloppement dans le drap mouillé* dont il avait déjà retiré
de plus grands avantages, soit comme puissant
antiphlogistique, soit en l'employant comme tonique, en diminuant la durée de l'opération, en la
renouvelant à propos, et la faisant suivre d'une
immersion ou d'ablutions *à une température plus ou
moins basse* suivant la constitution et l'impressionnabilité du malade; ici déjà, vous en conviendrez,
l'empirisme disparaît, l'observation commence et
l'expérience et la raison dirigent : n'est-ce pas un
peu là toute notre histoire médicale depuis Hip-
pocrate?

Maintenant, M. le docteur Schedel considère,
avec raison, l'enveloppement dans le drap mouillé

comme une des plus belles découvertes de Priessnitz.

« Par ce moyen, dit-il, il remplit une foule d'indications : en effet, ce procédé peut remplacer
avec avantage les affusions de Currie, comme moyen
antiphlogistique ; car par la *méthode* de Priessnitz,
la réaction est plus assurée, puisqu'elle se trouve
soutenue par des moyens artificiels qui, empêchant
la chaleur de s'échapper, la concentrent autour du
corps. Les transpirations et l'enveloppement simple
dans le drap mouillé sont donc tout à fait de l'*invention* de Priessnitz, ou plutôt une conséquence
de son esprit éminemment observateur. »

M. le docteur Scoutteten dit à son tour, dans
son ouvrage, à propos de l'enveloppement dans le
drap mouillé : « Il est surprenant que les médecins ne se soient pas avisés de recourir plus tôt à
ce moyen.... L'introduction de ce nouvel agent
dans la thérapeutique médicale rend les plus grands
services dans les fièvres typhoïdes ; les résultats heureux que j'en ai obtenus sont si surprenants qu'ils
paraîtraient exagérés, lors même qu'ils seraient ra-
contés avec la plus grande simplicité. »

Il en est de même de la friction avec le drap
mouillé ou *abreibung*, opération très-simple et si
utile pour activer les fonctions de la peau, qu'à
l'heure où j'écris ces lignes, il est peu de médecins qui, dans leur pratique, n'emploient ce moyen

comme sédatif ou tonique dans les convalescences des fièvres typhoïdes ou dans d'autres affections adynamiques ou nerveuses. L'invention de ce moyen si précieux et si naturel appartient encore entièrement à Priessnitz.

Je vous ferai donc observer, monsieur et très-honoré confrère que, si Priessnitz, comme vous l'avancez, *n'a pas même inventé l'hydrothérapie excentrique* il doit avoir à nos yeux un bien autre mérite, celui d'avoir fondé une *doctrine* nouvelle qui repose exclusivement sur ces trois grands principes hygiéniques, sous la dépendance desquels l'homme se trouve : *l'eau, l'exercice, le régime*, et dans laquelle l'art de guérir ne manquera pas de trouver des ressources précieuses et des idées neuves et utiles. Ainsi, comme le dit ailleurs M. le docteur Schedel, « ni la pratique scientifique de Currie, ni l'empirisme extravagant de Pomme, deux hommes qui résument en eux tout ce que leurs prédécesseurs avaient fait sur ce point, ne nous offrent une complète analogie avec la nouvelle doctrine de Priessnitz : c'est à l'énergie et à la persévérance de celui-ci que la science *est redevable* d'avoir pu recueillir des faits qui ont donné à l'hydrothérapie une extension jusqu'ici inconnue. »

Notez que M. le docteur Schedel n'est pas un enthousiaste de cette doctrine, il la critique, au contraire, mais sans passion et avec cette impartialité

et cette réserve qui le maintiennent toujours à la
hauteur du sujet qu'il traite.

Nous voici maintenant bien loin du capucin Bernard de Castrogianna, qui d'après vous, mon cher
confrère, serait le devancier immédiat de Priessnitz : nouvelle erreur que je m'empresse de détruire. Le capucin sicilien nommé Fra Bernado
Maria de Castrogianna qu'on désigne communément sous le nom de père Bernard, était élève de
Rovida; il passa à l'île de Malte en 1724, et *son
traitement ne variait que sous le rapport de la quantité d'eau ingérée.* Or, de 1724 à 1829, époque à laquelle surgit Priessnitz, nous voyons en 1729 le
célèbre professeur de Naples, Nicolas Cyrillo, publier un mémoire inséré dans les *Transactions phi-
losophiques,* et qui, à propos du traitement par
l'eau froide, se termine par ces mots : « Telle est
la méthode qui est accompagnée d'un si grand
succès dans nos climats, qu'il n'y a point maintenant de remède plus communément employé. »
Le docteur Vallisneri fait ensuite l'histoire médicale de l'eau froide, et rappelant ce qu'en ont dit
les médecins de l'antiquité, il déclare qu'il professe une haute estime pour cette doctrine; c'était
cependant un critique de Cyrillo. Plus tard,
en 1771, nous voyons paraître une lettre de Sa-
moïlowitz, adressée aux médecins célèbres de
l'Europe, renfermant plusieurs cas de peste, uni-

quement traités par les frictions avec l'eau froide;
en 1772 un ouvrage de Portal parle de l'emploi
avantageux des affusions froides; en 1777, l'ouvrage du docteur Wright vint rappeler l'attention
publique sur l'utilité de l'eau froide dans le traitement des maladies graves; Tissot de Lausanne,
dans son avis au peuple publié en 1780, vante
l'usage des bains froids; les guérisons obtenues
en 1791, à l'aide de l'eau froide par les docteurs
Brandreth et Gérard déterminèrent le docteur Currie de Liverpool, à publier sur cette matière son
important ouvrage, qui ne parut qu'en 1798; les
résultats de la pratique du professeur Grégory
d'Édimbourg et du docteur Mac Léan à propos du
traitement par l'eau froide du typhus contagieux,
furent publiés en 1797; l'ouvrage de Pomme parut en 1799; celui de Giannini en 1805; en 1821,
Hufeland qui avait recommandé l'eau froide dans
un grand nombre de ses écrits, propose un prix
de cinquante ducats au meilleur mémoire sur l'emploi externe de l'eau froide dans les fièvres aiguës :
le prix fut remporté par Frœlich qui s'était déjà
fait connaître par un ouvrage fort intéressant sur
les avantages des bains froids dans les fièvres nerveuses, la scarlatine et plusieurs autres maladies
aiguës et chroniques. D'après cet exposé, même
incomplet, vous pouvez facilement vous rendre
compte de l'énorme distance qui, *sous tous les rap-*

ports, sépare le capucin Bernard de Priessnitz, et je me crois dispensé d'insister davantage sur ce point.

J'aborde franchement la partie la plus importante de ma lettre, celle qui a trait aux succès de Grœffenberg, contestés par le docteur Ehrenberg, dont l'esprit sceptique et railleur n'a saisi ni le sens ni la portée de la méthode de Priessnitz. En effet, dans son injuste critique contre l'hydrothérapie, publiée en 1842, il prétend qu'il a constaté *plusieurs cas* de mort pendant les trois mois qu'il a passés près de Priessnitz, et que *tous ceux* qu'il a vus partir de Grœffenberg l'ont quitté très-souffrants. Or, il y avait à Grœffenberg en 1840, quinze cent soixante-seize malades, en 1841, quatorze cents, et *plusieurs cas* de mort constatés pendant trois mois, supposeraient, sur une population de malades aussi nombreuse, un chiffre proportionnel assez considérable pour l'année entière; pour répondre à une assertion aussi exagérée, il me suffira, je pense, de placer sous vos yeux quelques lignes du rapport publié en 1843 par M. le docteur Scoutteten, auquel sa mission toute spéciale du ministre de la guerre et sa qualité de médecin français doivent donner un cachet de sincérité et de désintéressement dans la question hydriatique.

« Depuis 1829 jusqu'à ce moment, Priessnitz a

perdu douze malades : toutes les circonstances de
la mort de ces personnes ne me sont pas connues;
mais ce qui me frappe, c'est que la mortalité soit
si faible parmi une population composée d'individus atteints, presque tous, d'affections chroniques
graves. Depuis l'origine de l'établissement huit
mille quatre cent quatorze malades ont été traités à
Græffemberg; en divisant ce nombre par douze, on
trouve un mort sur sept cent un individus; on est
loin d'être aussi heureux dans les conditions les
plus favorables de la vie. »

Puis, plus loin : « Ce que je dois déclarer, c'est
qu'à côté de *quelques* insuccès, *j'ai vu* à Græffemberg des guérisons très-remarquables et des cures
presque merveilleuses. »

Il est douloureux, Monsieur, d'avoir à répondre
à des attaques aussi injustes et aussi graves, lorsque un seul fait, un seul chiffre, vient, sans ef-
fort, renverser l'échafaudage de l'accusation; une
réfutation facile est ordinairement la preuve du peu
de solidité des arguments contraires; mais il faut
s'en consoler et dire avec le docteur Heidenhain,
collaborateur du docteur Ehrenberg, que la méthode hydriatrique a subi le sort commun à toutes
les choses humaines, où la vérité a toujours des
luttes à soutenir contre la sottise et les préjugés.
Elle a effrayé une foule d'intérêts qui n'ont pas
manqué de se soulever. Plus elle gagne dans l'opi-

nion, plus on l'attaque violemment; s'il ne s'agis-
sait que de *critiques loyales*, que d'un examen ri-
goureux fait dans l'esprit et au profit de la science,
on n'aurait rien à dire; mais tel n'a point été encore le mobile des hostilités. En effet, après avoir
affecté de dédaigner l'œuvre du campagnard silésien, on n'épargne rien maintenant pour la dépré-
cier, et dès qu'un malade meurt à Græffemberg,
les gazettes retentissent de cet événement, comme
s'il était plus extraordinaire que ceux dont l'al-
lopathie pourrait chaque jour enregistrer des mil-
liers.

Enfin, si tous les nombreux malades, atteints
d'affections chroniques graves, ordinairement abandonnés par la faculté et qui ont été se placer sous
la direction de Priessnitz, n'avaient pas eu à se féliciter des guérisons obtenues, non-seulement leur
nombre ne se serait pas accru chaque année d'une
manière aussi prodigieuse, mais encore ils n'auraient pas fait élever à grands frais des témoignages
immortels de leur reconnaissance : les Hongrois,
un lion en fonte supporté par un immense piédes-
tal également en fer, et sur lequel sont gravées en
lettres d'or des inscriptions en l'honneur de
Priessnitz ; M. de Blaremberg, Valaque distingué,
une pyramide en granit avec les initiales en or du
nom de Vincent Priessnitz; tous les malades pré-
sents à Græffemberg en 1842, une autre pyramide

en pierre servant de fontaine, à laquelle ils donnè-
rent le nom de *Source de Priessnitz*; le prince de
Nassau, une route carrossable de Græffemberg à
Freywaldau, en reconnaissance de sa guérison
inespérée; et plusieurs autres monuments élevés
par des malades, heureux d'être débarrassés de
leurs maux.

Certes, quand sans sollicitations et dans une
position sociale aussi peu élevée, un homme parvient à obtenir de semblables honneurs; quand,
par sa perspicacité, son esprit observateur et son
rare génie il se trouve être l'inventeur d'une méthode appelée à rendre chaque jour de si éclatants
services à ceux qui souffrent, on doit le considérer
comme un homme éminemment supérieur et qui
a bien mérité de l'humanité : on doit respecter sa
vie, regretter sa mort et ne pas jeter sur sa tombe
le mépris et l'injure.

En reproduisant quelques passages erronés publiés dans le mémoire du docteur Ehrenberg à
propos de Græffemberg, vous vous êtes fait,
Monsieur, peut-être sans le savoir, l'interprète
d'une fort mauvaise cause, que je crois avoir vic-
torieusement combattue par l'histoire, par des
faits et par des chiffres; et si je me suis placé
comme le champion de Priessnitz, c'est que j'ai
toujours eu horreur de l'injustice, et que, plein d'une
conviction profonde, j'ai pensé remplir un devoir

sacré en rendant hommage à la vérité et à la mémoire de cet homme de bien.

Veuillez agréer, Monsieur et très-honoré confrère, l'assurance de ma considération distinguée.

Divonne, le 12 janvier 1852.

PAUL VIDART, D. M.

eu lith.

Imp. Thierry Fs, Paris.

VUE DU PARC DES BAINS DE DIVONNE

NOTICE

SUR L'INSTITUT HYDROTHÉRAPIQUE

ET

LES SOURCES DE LA DIVONNE,

PAR

M. H. BERTHOUD.

Fies nobilium tu quoque fontium !
HORACE.

_____

Entre le Jura et les Alpes, près de ce beau Léman dont Voltaire disait :

Mon lac est le premier !

il existe un groupe de fontaines qui jaillissent du sein de la terre et dont les eaux, « plus transparentes que le cristal, sont insensibles aux ardeurs de la canicule ; » plus dignes de gloire que la fontaine de Blanduse si bien chantée, ces eaux vives ne fournissent pas seulement « une aimable fraîcheur aux taureaux fatigués de la charrue et au menu bétail errant, » mais depuis quelques années elles rendent les forces et la santé à une foule d'impotents et de malades divers. Autrefois ignorées du monde (et pourtant célébrées par un trop modeste poëte), elles sont vantées aujourd'hui en bien des langues, grâce aux nombreux infirmes de différents pays, qui ont retrouvé la vigueur dans leurs ondes. La reconnaissance pour un bienfait de ce genre et le désir d'être utile aux personnes qui ne connaissent point encore ces eaux, nous pressent d'en parler. Si Horace nous eût légué sa lyre nous chanterions ; et les échos de la Dôle et du Mussy répéteraient au loin des louanges méritées. Mais, nous ne sommes point fâché d'être réduit à l'humble rôle de narrateur ; il convient à notre but, qui est la simple exposition de ce que nous avons vu et soigneusement examiné à Divonne, durant un séjour de deux mois.

Imitons d'abord les marins en voyage de découvertes, et fixons le point de Divonne sur la carte du globe. Vous connaissez Genève et son lac sans pareil ? Partez de cette ville et suivez la route de Lausanne, qui court vers le nord, le long du bord occidental du lac ; si vous êtes à pied, vous arriverez en trois petites heures à Coppet, devant le château de Mme de Staël ; de là à Divonne il y a une bonne lieue. Mais le chemin le plus direct laisse Coppet sur la droite. Préférez-vous prendre la voiture qui fait le service des bains ou tout autre véhicule, vous franchirez en une heure et demie la distance de Genève à Divonne ; mais vous

n'aurez pas le temps d'admirer les villas semées
sur la route et leurs jardins et leurs vergers.

Le village de Divonne est sur terre de France, au
pays de Gex (Ain), à égale distance des deux routes
qui, traversant le Jura, vous conduisent de Genève
à Paris, l'une par Gex et le col de la Faucille,
l'autre par Nyon (Suisse) et le col des Rousses.

A l'ouest du village est une charmante colline,
revêtue de bosquets et de vignes, sur laquelle on
voit de loin briller une grande maison blanche :
c'est le château des comtes de Divonne ; entre le
village et la colline, la naïade bienfaisante a ses
fontaines de Jouvence ; c'est là que jaillissent de
toutes parts les belles eaux dont le docteur Paul
Vidart a su tirer parti pour l'avantage de l'humanité. Un médecin bien qualifié devait obtenir, de
l'emploi de ces eaux, des résultats certains ; car
elles sont à la fois pures, limpides, très-froides et
pourtant légères. L'honneur de les avoir discipli-
nées dans un magnifique établissement appartient
tout entier à M. Vidart. Avant son arrivée à Divonne, il y avait là une fabrique de papier ; les
sources formaient à leur aise une sorte de marais
vierge, où l'intrépide pied du botaniste osait seul
s'engager, et d'où la rivière en se formant allait
faire mouvoir les rouages de l'usine. Aujourd'hui
les baigneuses les plus délicates peuvent se pro-
mener et rêver parmi les sources proprement en-

caissées, et sous les nouveaux ombrages qui les abritent. Les allées sablées, formant de nombreux méandres, les jolis ponts de bois, les fleurs de toutes les zones rassemblées avec art, le mélange des rayons du soleil et de l'ombre des hauts arbres, le bruit des petites cascades, le murmure plus doux de la rivière qui s'écoule, les mille soupirs de l'eau qu'on voit sourdre de tous côtés, le gazouillement des oiseaux, le va-et-vient des baigneurs, tout contribue à faire de ce lieu un séjour de paix joyeuse comme il la faut à des malades. Ajoutez à cela un paysage dont les merveilleuses beautés varient à l'infini. Parcourez la plaine, aux environs du village, vous ne traversez que jolis hameaux, gracieuses villas, campagnes fertiles où vous trouvez à chaque pas d'autres sources non moins fraîches et non moins limpides. Montez sur le Mussy, butte élevée, semblable à une terrasse (pour quelques-uns c'est déjà une montagne); de là vos regards se promènent sur un tableau sublime au vaste encadrement. Devant vous le lac aux rives festonnées, avec son enceinte de coteaux, rehaussées tout au tour par les grandes montagnes. Celles-ci vous présentent d'abord leurs longues chaînes boisées, plus haut les pâturages aériens, plus haut encore et plus loin les pics neigeux de l'Oberland, du Valais et de la Savoie. Ici s'élève, en face de vous, comme un géant dominateur,

le mont Blanc dans toute sa gloire. Voulez-vous
repaître vos yeux d'un spectacle plus glorieux
encore? Ah! il n'est pas donné à tous d'en jouir.
Ayez bonne tête, bon pied et de la persévérance,
et vous pouvez en un jour faire la course de la
Dôle. Cette cime, l'une des plus élevées de la
chaîne principale du Jura, n'est pas d'une ascen-
sion difficile, ni surtout dangereuse; car tous les
étés couronnent son sommet de pesantes génisses.
Sa place est marquée, sur les cartes suisses, par
une étoile; ce qui la désigne comme un de ces
points de vue qui surpassent toute description, et
qu'il faut aller voir pour s'en faire une idée. Là on
s'écrie avec le poëte sacré :

> O Éternel ! que tes œuvres sont en grand nombre !
> Tu les as toutes faites avec sagesse ;
> La terre est pleine de tes richesses.

Le climat de Divonne est celui du plateau vau-
dois, auquel la contrée appartient en géographie
physique. On peut évaluer la hauteur verticale du
village à cinq ou six cents mètres; de sorte qu'on
y jouit d'un air plus tempéré que dans les plaines
inférieures ; c'est la limite entre le climat des vignes
et celui de la montagne. L'air s'y renouvelle sans
cesse; et cependant on n'y est pas exposé aux violents courants du nord. La température y est
beaucoup plus égale et plus modérée qu'à Genève.

Mais c'est l'eau surtout qui est d'une égalité surprenante : l'été, elle vous paraît sortir d'une glacière ; l'hiver, vous la voyez fumer parfois comme si elle était sur du feu. Selon les observations de M. Vidart, le thermomètre plongé dans les sources marque invariablement $+ 6° 1/2$ centigrades, quelle que soit la température de l'air ambiant. Certes c'est un froid suffisant pour le but que se propose l'hydrothérapie.

Cette voie de médication que Priessnitz a remise en honneur, en lui donnant une méthode, est, sans contredit, appelée à rendre d'éclatants services, sous une direction habile et consciencieuse ; on ne peut nier déjà la préférence qui doit lui être accordée dans un grand nombre de maladies : elle n'est cependant pas une panacée universelle ; aussi le docteur Vidart ne reçoit dans son établissement que les malades pour lesquels l'eau froide lui paraît indiquée. Puis une fois admis, il faut être docile ; car le docteur, convaincu d'avance des bons effets de son traitement, ne plaisantera pas sur les applications variées qu'il ordonnera. Chaque jour il vous prescrit les genres d'opérations que vous devez faire, il en détermine la durée, il fixe la température de l'eau (que parfois il élève de quelques degrés en y ajoutant de l'eau chaude), il règle vos exercices de réaction, votre régime, etc., suivant votre constitution et les phases de votre

convalescence. Chaque jour aussi vous pouvez le
consulter, lui faire vos objections, lui exposer vos
misères : les questions sérieuses le trouvent toujours
patient à écouter. Il a bien un peu trop de foi en lui-
même, mais il faut lui rendre ce témoignage, que si
vous mettez autant de scrupule à suivre ses avis,
qu'il apporte de soin à observer votre état et à régler
votre traitement, vous n'aurez qu'à vous féliciter
d'avoir été aux bains de Divonne.

On y applique l'eau froide sous une infinité de
formes, suivant les cas : les frictions, les demi-
bains, les ablutions, les étuves suivies du grand
bain dans les piscines, les douches en poussière,
en colonnes latérales, verticales ou ascendantes, les
douches pour les yeux et pour les oreilles, etc., etc.,
tout cela est employé à Divonne suivant le besoin,
et d'après les principes de Priessnitz, exposés par
le docteur lui-même dans ses ouvrages [1]. Lorsque
M. Vidart juge à propos d'employer la sudation,
il paraît préférer l'étuve par *emmaillottement ;* et il
en donne ses raisons dans ses *Études pratiques :*
d'autres médecins croient avoir inventé une forme
meilleure dans le *bain d'air chaud.* Nous n'osons
pas nous prononcer sur le mérite relatif de ces
deux formes; mais nous croyons que la dernière

---

[1] *Études pratiques sur l'hydrothérapie,* 1 vol. in-8°. *Considéra-
tions générales sur l'hydrothérapie,* 1 vol. in-8°. A Paris, chez Cherbuliez Joël, place de l'Oratoire, 6.

n'est pas nouvelle. On pourrait l'appeler, au contraire, là forme *primitive*, si l'on en croit ce que
M. Ferry rapporte du *témascal*, en usage chez les
Indiens de la Nouvelle-Californie. « Le témascal,
dit-il, est une espèce de four circulaire, creusé en
partie dans le sol, en partie construit de pierres et
de fascines, ayant dix à quinze pieds de diamètre
et sept à huit pieds d'élévation, dans lequel on ne
pénètre que par une ouverture fort étroite ; il y a
une autre ouverture plus petite dans le fond pour
donner passage à la fumée. Un grand feu allumé
à l'intérieur, près de l'entrée, y produit bientôt
une température extrêmement élevée, qui provoque des transpirations abondantes. Cinq ou six
personnes peuvent se loger à la fois dans cette
enceinte ; elles attendent qu'elles soient ruisse-
lantes de sueur pour aller se plonger dans une
rivière, près de laquelle est ordinairement construit
le témascal.

« C'est, de tous les remèdes, celui qu'ils consi-
dèrent comme le meilleur, et qui paraît, en effet,
le mieux convenir à leur organisation.

« Ces douches paraissent produire chez ces na-
turels d'excellents résultats ; elles entretiennent leur
agilité et augmentent leur force.

« Il semblera étrange de retrouver ces mêmes
douches pratiquées chez les Russes de temps immémorial.

« Cette similitude entre certains usages qui sortent de l'ordre des faits ordinaires, prouve évidemment les rapports qui ont dû exister entre des peuples placés sur des hémisphères différents, à une époque éloignée, dont la tradition n'a pas conservé le souvenir. »

A Divonne, le service des bains se fait par des doucheurs et doucheuses, que M. Vidart a pris soin de former lui-même.

Quant à la table, elle est appropriée au traitement général et aux cas particuliers, selon les indications de la santé. Toujours elle est abondante, fortifiante et bien servie. Le docteur lui-même veille sur la cuisine, donne ses ordres au chef et préside les repas. Mme Vidart seconde son mari dans ces choses, et fait très-bien les honneurs de sa maison. Leur société est de bon goût, pleine à la fois de dignité et d'une cordiale simplicité.

On est gai à Divonne, et les convenances y sont toujours observées. D'ailleurs, chacun y trouve, dans les limites de la bienséance, de faciles récréations. Une salle de billard, un gymnase en plein air, mais couvert, un vaste salon muni de livres amusants, ou instructifs, ou édifiants, avec plusieurs journaux de Paris, de Genève, de Lausanne, etc. : tels sont les principaux moyens de distraction que vous offre directement l'Institut Vidart. Le peintre a de belles études à faire, en

plusieurs genres, dans les environs. Le botaniste
et le géologue n'y promènent pas en vain la boîte
et le marteau.

Sous le rapport religieux, Divonne est un village
mixte, où la religion catholique domine, mais où
le nombre des protestants est assez fort pour que
la tolérance réciproque y règne tout naturellement.
Le culte catholique se célèbre dans l'église du lieu ;
les protestants vont à Crassier, village moitié français, moitié suisse, à deux ou trois kilomètres de
Divonne. Ceux d'entre eux qui tiennent au dogme
franc et à la morale sévère des églises libres,
trouvent ce qu'il leur faut à Nyon ou à Genève.
L'été dernier, il y a eu chaque dimanche un
culte protestant à Divonne même, en faveur des
baigneurs.

Nous n'avons rien dit des belles guérisons qui
ont été obtenues dans l'établissement de M. Vidart :
ç'eût été trop long de les énumérer, et pour en
citer quelques-unes avec détail, le choix nous eût
embarrassé.

Nos lecteurs nous permettront de les renvoyer
aux comptes rendus que publie chaque année le
docteur Vidart. Un exemple pourtant : parmi les
nombreux baigneurs avec lesquels nous nous
sommes trouvé l'année dernière, il y avait un
jeune homme qui, venu mourant, avait retrouvé
une telle vigueur, qu'après six mois de cure, il

s'amusait à porter à bras tendu un poids de vingt-
cinq kilogrammes.

Pour compléter ce que nous avons dit des qualités de l'eau de Divonne, quelques détails scientifiques ne seront pas hors de propos. En faisant des
excursions autour de l'établissement, le marteau à
la main, pour chercher des fossiles, nous avons été
conduit à nous demander pourquoi l'eau de cette
rivière nous semblait plus agréable à boire et plus
digestive, même à sa source, que celle des autres
rivières qui s'élancent comme elles, toutes formées, des flancs du Jura.

La Divonne nous paraît avoir son origine, comme
la plupart de ses sœurs, dans l'écoulement souter-
rain des lacs des Rousses et de la vallée de Joux.
Selon toute probabilité, l'intérieur de la chaîne
jurassique renferme de vastes réservoirs où se ras-
semblent les eaux, et d'où elles sortent par les cre-
vasses de la roche oolithique.

La Reuse, le Doubs, l'Orbe, la branche méridio-
nale de l'Ain, sortent immédiatement de cette
roche. Il n'en est pas de même de la Divonne :
celle-ci se filtre en passant à travers une épaisse
moraine de terrain erratique alpin ; et peut-être
passe-t-elle de l'oolithe dans le néocomien, qui
borde le pied de la montagne avant d'entrer dans
la moraine ; car son extrême fraîcheur et la con-
stance de sa température annoncent un réservoir

très-profond. Son passage dans la moraine explique
quelques-unes des données de l'analyse chimique.
Celle-ci, nous dit-on, représente les eaux de Divonne comme bien oxygénées, dépourvues de tuf,
et tenant en dissolution quelques sels de chaux,
mais en très-petite quantité, et sous la forme de
bicarbonates; plus une faible proportion d'acide
carbonique, et une quantité peu appréciable de
matières adventives. De tels résultats sont tout à
fait en rapport avec les qualités potables de cette
eau : sa légère saveur, qui n'est ni fade, ni salée,
ni douceâtre, mais simplement agréable, jointe à
sa fraîcheur limpide et à sa pureté, en fait une
eau excellente pour tous les usages domestiques.
Nous n'en connaissons de pareille que dans les
plus hauts villages des Alpes.

Nous avons dit que le climat de Divonne est
tempéré; nous aurions pu ajouter que la cure d'eau
froide y est aussi facile à faire en hiver qu'en été,
et qu'au dire des baigneurs qui y avaient passé
l'été et s'y trouvaient encore avec nous au plus fort
de l'hiver actuel, il est moins désagréable de se
plonger dans cette eau lorsque la température de
l'air est basse, que durant les grandes chaleurs.
Aussi voit-on toute l'année l'établissement de Divonne en activité. Toutefois, la saison froide y voit
infiniment moins de baigneurs que l'été; ce qui
tient aux craintes puériles des malades. A mesure

qu'on appréciera mieux les conditions de l'hydrothérapie, les saisons se balanceront davantage,
l'une convenànt mieux que l'autre pour certains
genres de maladies.

Encore un mot sur l'Institut Vidart. La question
financière n'est pas sans valeur pour bon nombre
de personnes. Le docteur Vidart a dû évidemment
employer des capitaux considérables à la création
d'un établissement aussi complet et aussi confor-
table que le sien, où tout est combiné à la fois
pour l'utilité et pour l'agrément des baigneurs, où
la table est très-soignée, et où le personnel des
employés de tout genre est passablement nombreux. Hé bien! nous le disons avec franchise,
nous connaissons plusieurs établissements de bains
où les prix sont plus élevés qu'à Divonne; mais
nous n'en connaissons aucun où ils soient plus
bas; et nous n'y savons trouver de raisons que
dans un désintéressement trop rare. Paul Vidart,
passionné pour l'hydrothérapie, depuis que le savant Scoutteten l'initiait à la méthode de Priessnitz,
est un de ces hommes généreux pour qui une guérison obtenue et la reconnaissance du cœur sont
déjà une haute récompense.

COMPTE RENDU

DES DIFFÉRENTES MALADIES

TRAITÉES A DIVONNE

PENDANT L'ANNÉE 1851.

PREMIÈRE SÉRIE.

RHUMATISMES. — GOUTTE.

1. Arthrite rhumatismale chronique.

Age, cinquante et un ans; *sexe* masculin; *tempérament* lymphatique; *siége*, articulations des membres supérieurs, datant de quatre années. *Traitement.* Étuve humide, ablutions, compresses mouillées, douche à colonne. *Durée*, trois mois. *Guérison.*

2. Arthrite rhumatismale chronique.

Age, cinquante-six ans; *sexe* masculin; *tempérament* lymphatique; *siége* occupant les deux genoux et les deux coudes; affection fort ancienne, abandonnée à elle-même depuis de longues années ; douleurs intermittentes ; gonflement constant des articulations malades. *Traitement.* Double étuve humide suivie d'ablutions de courte durée, quelques sudations au début, compresses excitantes, douche à colonne. *Durée,* quatre mois. *Guérison.*

3. Rhumatisme chronique.

Age, trente-deux ans ; *sexe* masculin ; *tempérament* bilieux ; affection se liant à un engorgement du foie. *Traitement.* Étuve sèche puis étuve humide, piscine, ceinture mouillée, douche à colonne. *Durée,* deux mois. *Guérison.*

4. Rhumatisme goutteux.

Age, quarânte-huit ans ; *sexe* masculin ; *siége,* articulations des doigts, des mains et des pieds. *Traitement.* Compresses excitantes en permanence, double étuve humide et ablutions deux fois par jour. *Durée,* trois mois. *Amélioration.*

5. Arthrite rhumatismale chronique.

Age, soixante-huit ans ; *sexe* masculin ; difformité des articulations, nodosités, concrétions tophacées, notamment au genou gauche qui est ankylosé et qui a atteint un volume considérable. *Traitement.* Étuve sèche, grand bain, compresses excitantes ; l'ankylose est telle chez ce mâlade, qu'il ne peut se tenir debout; traitement incomplet par la difficulté qu'il présente à être appliqué. *Insuccès.*

6. Arthrite rhumatismale chronique.

Age, soixante-neuf ans; *sexe* masculin; *siége*, articulations coxo-fémorales et tibio-fémorales. *Traitement.* Étuve sèche et étuve humide, ablutions tempérées, douche à colonne. *Durée*, six semaines. *Amélioration.*

7. Goutte podagre.

— Ce malade qui fait le sujet de l'observation sixième de l'année 1850 est revenu cette année à Divonne pour y consolider son bien-être. La douleur qu'il ressentait aux orteils n'a pas reparu une seule fois et la guérison est entièrement assurée.

8. Arthrite rhumatismale chronique.

— Observation n° 1 (compte rendu de 1850). Ce malade est revenu à Divonne plutôt par reconnaissance que par nécessité; les douleurs rhumatismales ne se sont jamais réveillées, malgré une exposition constante aux transitions de température, si fréquentes dans les hautes montagnes qu'il a parcourues pendant trois mois consécutifs.

9. Rhumatisme articulaire.

Age, cinquante ans; *sexe* féminin; *siége*, articulations scapulo-humérale, huméro-cubitale et tibio-fémorale du côté gauche. *Traitement.* Double étuve humide, ablutions tempérées, compresses calmantes sur les points douloureux, éruption considérable à la fin du traitement, douche à colonne sur les parties voisines des articulations. *Durée,* trois mois ; *grande amélioration :* cette amélioration existait lors du départ de la malade ; depuis cette époque j'ai su que les lavages tempérés, continués à 12 degrés, avaient suspendu complétement les douleurs et que les mouvements des articulations étaient devenus tout à fait libres.

10. Rhumatisme nerveux, lié à un engorgement hépatique fort ancien.

Age, cinquante-deux ans ; *sexe* féminin ; *siége,* douleurs vagues et intermittentes avec sensations de chaleur brûlante depuis la fosse iliaque droite jusqu'au pied du même côté ; douleurs sourdes dans la région hépatique. Le visage de la malade est légèrement ictérique, et le foie dépasse le bord inférieur des fausses côtes d'environ trois travers de doigt ; constipation. *Causes,* chagrin violent. *Traitement.* Double étuve humide, suivie d'ablutions tempérées, puis de la piscine ; compresses calmantes nuit et jour sur toute la jambe, du côté malade, ceinture mouillée ; éruption générale plus apparente sur les parties recouvertes par les linges mouillés. *Durée,* deux mois. *Amélioration.*

Sans un accident survenu à cette malade, qui
fit interrompre sa cure jusqu'au printemps suivant, la guérison était certaine.

11. Goutte podagre.

Age, quarante ans ; *sexe* masculin ; *siége*, articulations tibio-tarsiennes, métatarso-phalangien-
nes. *Causes*, longues courses par des temps humides, régime succulent, abus des spiritueux.
Traitement. Étuve sèche suivie de l'ablution à
10 degrés et piscine ; compresses calmantes. *Durée*,
deux mois. *Guérison*.

12. Arthrite rhumatismale chronique.

Age, quarante-cinq ans ; *sexe* masculin ; *siége*,
articulations de la hanche et du genou ; lumbago.
Traitement. Double étuve humide suivie de l'ablution tempérée et de la piscine, douche à colonne,
compresses excitantes sur le genou malade. *Durée*,
six semaines. *Guérison*.

Réflexions. — Ce malade ayant été forcé par des
circonstances imprévues de suspendre sa cure, a
dû quitter Divonne au bout de cinq semaines ; de
retour chez lui, il a continué les ablutions froides,
et bientôt après, une éruption furonculeuse considérable est survenue vis-à-vis les lombes, la hanche
et le genou. Depuis ce moment, les douleurs ont
totalement disparu.

Quand les malades n'accordent pas à la cure un temps nécessaire, il survient fréquemment à la suite du trouble apporté dans l'économie par l'action de l'eau froide, une ou deux crises accompagnées d'éruptions, comme cela est arrivé chez celui qui nous occupe : cette circonstance peut être funeste aux personnes qui ignorent la conduite à tenir en pareil cas; il est donc préférable de suivre à cet égard les avis du médecin hydropathe, et continuer le traitement aussi longtemps qu'il le juge nécessaire. Il vaut donc mieux en général ne pas commencer une cure d'eau froide, si on peut prévoir qu'on sera obligé de l'interrompre.

13. Arthrite rhumatismale chronique.

Age, trente-trois ans; *sexe* masculin; *siége*, articulations tibio-fémorales et tibio-tarsiennes. *Traitement.* Étuve sèche et piscine, bains de siége, compresses excitantes; douche à colonne sur les parties voisines des articulations. *Durée*, deux mois. *Guérison.*

Au bout de trois semaines l'arthrite chronique a passé à l'état aigu; j'ai remplacé les compresses excitantes par les compresses calmantes, et l'étuve sèche par l'étuve humide; deux jours après éruption considérable au pourtour des articulations malades à laquelle succède une sédation complète. J'ai reçu des nouvelles de ce malade qui est parti pour un long voyage et j'ai appris avec satisfaction que depuis plusieurs années, il avait pour la première fois passé un hiver sans souffrir.

14. Rhumatisme chronique compliqué d'asthme nerveux.

Age, cinquante-huit ans ; *sexe* féminin ; *siége,* douleurs générales, quelques nodosités dans les articulations des doigts de la main droite. Asthme intermittent compliqué d'aphonie subite et d'une espèce de strangulation. *Traitement.* Frictions avec le drap mouillé ; double étuve humide, suivie de l'ablution tempérée à 16 degrés, puis graduellement à 10 degrés ; cravate mouillée ; compresse excitante sur le sternum ; douche à colonne dirigée vers les extrémités inférieures. *Durée,* deux mois. *Amélioration.*

15. Arthrite chronique, avec difformité des articulations ; concrétions tophacées ; marasme ; maigreur extrême.

Ce malade pouvant à peine se soutenir quand il me fut envoyé ne put suivre le traitement ; les désordres étaient trop graves pour qu'on pût espérer la moindre amélioration.

16. Lumbago.

Age, vingt-deux ans ; *sexe* masculin. *Traitement.* Étuve sèche suivie de la piscine ; ceinture mouillée ;

douches sur les membres inférieurs. *Durée*, six
semaines. *Guérison*.

17. Rhumatisme nerveux.

Age, cinquante-deux ans ; *sexe* féminin ; *siége*,
douleurs vagues générales occupant les régions
cervicale et scapulo-humérale. *Traitement*. Double
étuve humide, suivie d'ablutions à 16 degrés, puis
la piscine ; bains de siége à 12 degrés, puis à courant continu ; douche en pluie générale. *Durée*, six
semaines. *Guérison*.

Cette malade était devenue non-seulement très-
impressionnable au froid par suite d'habitudes de
confort et de précautions exagérées, mais la peau
était pâle et sèche. A son départ, et sous l'influence
du traitement, elle put, malgré l'approche de l'hiver, enlever impunément ses flanelles et les fonctions de la peau étaient parfaitement rétablies.

18. Arthrite rhumatismale datant de onze ans.

(Voy. n° 5, observation cinquième, première série, 1850.)

Ce malade qui a déjà fait une cure en 1850, est
revenu cette année pour consolider la guérison obtenue. Il a pu reprendre les travaux de la campa-
gne qu'il avait abandonnés depuis longues années,
et la guérison est désormais certaine. Il garde encore une légère claudication qui tient aux graves

désordres qui commençaient à envahir l'articulation des genoux et de la hanche; mais cette difformité est très-peu importante quand on se rappelle l'état déplorable dans lequel il se trouvait lors de sa première entrée à Divonne.

DEUXIÈME SÉRIE.

NÉVRALGIES.

19. Névralgie frontale, congestions fréquentes à la tête, avec tendance au strabisme.

Age, douze ans; *sexe* féminin; *tempérament* lymphatique et nerveux. *Traitement.* Triple étuve humide suivie d'ablutions à 16 degrés; bains de siége à 14 degrés, d'une durée de vingt-cinq à soixante minutes; pédiluves dérivatifs à 8 degrés, d'une demi-heure de durée; douche en pluie générale et à colonne sur la plante des pieds. Comme chez cette jeune malade il existait un défaut d'équilibre bien évident dans la circulation et dans la chaleur générale du corps, j'ai dû insister surtout sur les bains de siége et bains de pieds dérivatifs, ainsi que sur les enveloppements successifs et renouvelés, aussitôt après que la malade cessait de sentir le froid.

Ce résultat est, en général, obtenu dans l'espace

de cinq à quinze minutes environ, suivant la constitution physique du sujet, et son aptitude au développement du calorique : dès qu'au troisième ou quatrième enveloppement, la chaleur se dissipe par cette réfrigération graduelle, on termine l'opération en laissant la malade dans le dernier enveloppement, un peu plus longtemps que la première fois, et en lui faisant faire une ablution générale, ou prendre un grand bain, dont la température varie de 12 à 18 degrés. *Durée*, deux mois. *Guérison complète*.

20. Névralgie crânienne.

Age, trente-six ans; *sexe* masculin; *tempérament* lymphatique et nerveux. L'origine de cette affection pénible, devenue chronique chez ce malade, à la suite de travaux de cabinet et d'études profondément abstraites, remonte à deux années environ; la lecture, portée à l'excès, a développé une irritabilité excessive dans les nerfs qui concourent à la vision; la douleur, qui siége principalement à l'occiput, et jusque dans le prolongement cervical de la moelle épinière, est suspendue ou beaucoup moins intense, dans les moments rares où ce malade ne se livre pas à une occupation sérieuse. La santé générale est assez bonne; tendance à la constipation, la contractilité des pupilles est parfaite, la vue est excellente. Ce malade, déjà soumis de-

puis longtemps à l'action salutaire de l'eau froide,
a trouvé dans cet agent un puissant modificateur
à sa maladie, devant laquelle tous les autres
moyens avaient échoué jusqu'à ce jour.

Traitement. Étuve sèche suivie d'ablutions d'a-
bord tempérées, puis de la piscine ; bains de siége
dérivatifs ; douche en pluie générale; douche à
colonne sur les extrémités inférieures. *Durée,* six
semaines. *Amélioration.*

Réflexions. — Il est à regretter que cette cure
ait été suspendue aussitôt. Je n'ai jamais reçu de
nouvelles de cet intéressant malade, mais je ne
serais pas étonné, malgré le peu de durée de la
cure, que sa névralgie eût cessé au bout d'un certain temps de repos.

**21. Névralgie sciatique. — Douleurs rhumatismales se
liant à une hépatite chronique.**

Age, cinquante et un ans; *sexe* masculin; *tempérament* bilioso-nerveux. Ce malade, traité depuis
un grand nombre d'années pour une affection rhumatismale qui avait envahi successivement presque toutes les articulations, et qui, du type aigu,
avait passé au type chronique, avait ressenti souvent, non-seulement quelques troubles assez in-
quiétants du côté du tube digestif, mais aussi une
douleur sourde, gravative, vers la région du foie,
lequel dépassait le bord inférieur des fausses côtes

d'environ trois travers de doigt, et était sensible à
la pression la plus modérée ; la peau était devenue
légèrement ictérique, la maigreur extrême, et la
faiblesse tellement grande que, depuis fort longtemps, il ne quittait plus le lit ou la chambre,
dans laquelle il pouvait à peine faire quelques pas.
Pour comble d'infortune, deux mois environ avant
d'être transporté à Divonne, une névralgie sciatique
vint s'ajouter à cette affection déjà si grave, et s'opposer au moindre mouvement. Constipation ; inappétence complète.

Traitement. Double étuve sèche suivie du bain
partiel à 18 degrés ; puis plus tard, lorsque
les forces ont été plus grandes, à 12 degrés, et de
la piscine à 6 1/2 degrés centigrades ; douche à
colonne sur la région lombaire, ischiatique, et sur
tout le trajet du nerf sciatique ; dix verres d'eau à
boire dans la journée. Après les deux premiers
enveloppements, le malade peut déjà faire, sans
douleur, quelques mouvements ; le troisième jour,
il fait une petite promenade, et depuis ce moment, les forces augmentant chaque jour avec
le rétablissement des fonctions digestives, il se
promène tout le jour, heureux de se sentir re-
naître. La ceinture mouillée, appliquée en permanence sur tout le pourtour du corps, à la hauteur
de la région hépatique, favorise l'éruption d'un
ecthyma assez prononcé, et à la fin de la cure, le

foie est rendu à son état normal ; les douleurs articulaires ont absolument disparu, ainsi que la névralgie sciatique qui n'a résisté au traitement que
pendant sept jours. *Durée,* deux mois. *Guérison
complète.*

22. Entéralgie.

Age, trente ans ; *sexe* féminin ; *tempérament* san-
guin-nerveux. *Traitement.* Étuve humide, avec
abaissement graduel de la température ; bains de
siége toniques de quinze minutes au plus, et de
8 à 12 degrés ; ceinture mouillée ; lavements froids
et entiers. Un état hémorrhoïdaire assez prononcé
a été considérablement amélioré par l'usage fréquent de ce dernier moyen. *Durée,* six mois. *Guérison.*

23. Névralgie crânienne, et surtout sus-orbitaire, avec affaiblissement considérable de la rétine et des nerfs ciliaires.

Age, vingt-cinq ans ; *sexe* masculin ; *tempérament*
lymphatico-nerveux. *Causes,* excès de travaux d'esprit ; abus des purgatifs et des drastiques qui ont
augmenté une constipation à laquelle ce malade
était déjà sujet. Tendance aux hémorrhoïdes ; hypocondrie.

Traitement. Frictions avec le drap mouillé ;
ablutions tempérées ; douche en pluie générale et
à colonne sur les extrémités inférieures ; bains de

siége dérivatifs ; pédiluves excitants; éruption furonculeuse sur la jambe droite. *Durée*, deux mois. *Guérison.*

24. Névralgie sciatique. — Lumbago.

Age, cinquante-deux ans; *sexe* masculin ; *tempérament* lymphatique. *Traitement.* Étuve sèche, suivie d'ablutions tempérées, et plus tard de la grande piscine ; douche à colonne. *Durée*, deux mois. *Guérison.*

25. Névralgie crânienne, fatigue générale et amaigrissement à la suite de travaux intellectuels.

Age, cinquante-cinq ans; *sexe* masculin ; *tempérament* nerveux. *Traitement.* Étuve humide successive, suivie de lotions à 16 degrés, pendant toute la durée de la cure; douche en pluie latérale; bains de siége dérivatifs de 14 à 18 degrés, d'une durée de quarante-cinq minutes. *Durée*, six semaines. *Guérison.*

26. Entéralgie (Deuxième cure).

Ce malade, qui occupe le n° 27 dans le compte rendu de 1850, n'a pas éprouvé de rechute; il a voulu néanmoins revenir à Divonne l'année suivante, et y faire une deuxième cure pour maintenir et fortifier encore sa santé, depuis si longtemps altérée.

27. Névralgie sciatique fort ancienne (Deuxième cure).

Cette malade, qui figure au n° 19 en 1850, avait, après deux mois de traitement, obtenu une amélioration tellement sensible que je l'avais engagée à revenir au printemps suivant; cette seconde tentative n'a donné aucun résultat satisfaisant; elle n'a cependant pas perdu ce qu'elle avait gagné après la première cure. J'attribue cette résistance à une lésion organique d'une annexe de l'utérus qu'on a pu croire d'abord étrangère au développement de la sciatique, et qui en a dû être la cause primitive et déterminante.

Si je ne me trompe pas dans cette appréciation, l'emploi du traitement serait désormais plus nuisible qu'utile.

28. Névralgie temporale et sus-orbitaire.

Age, quarante-cinq ans : *sexe* masculin; *tempérament* nerveux. *Causes :* abus du travail et de la position sédentaire; fonctions de la peau suspendues, constipation. *Traitement.* Étuve sèche suivie d'ablutions tempérées puis de la piscine; douche en pluie générale; bains de siége dérivatifs; ceinture mouillée. *Durée,* deux mois. *Guérison.*

29. Névralgie sciatique.

Age, trente et un ans : *sexe* masculin; *tempérament* nerveux sanguin. *Traitement.* Étuve sèche;

4

bains partiels tempérés; douche à colonne. *Durée,*
six semaines. *Guérison.*

30. Névralgie sciatique, lumbago.

Age, cinquante-neuf ans; *sexe* masculin; *tempérament* nerveux. *Traitement.* Étuve sèche; ablutions tempérées, puis piscine; étuve humide;
douche à colonne; bains de siége toniques; frictions avec la neige. *Durée,* deux mois. *Amélioration.*

Ce malade, souffrant depuis plusieurs mois
d'une névralgie sciatique, était autrefois fréquemment atteint de lumbago. Tous les moyens qui
avaient été dirigés contre cette affection, les vésicatoires volants et les sels de morphine par la méthode endémique, le chloroforme, les frictions de
toute nature, la cautérisation de l'oreille, etc.,
n'avaient eu d'autre résultat que de calmer momentanément la douleur. En désespoir de cause, on
voulut essayer le traitement hydrothérapique : la
douleur avait pour foyer d'élection le grand tro-
chanter, la région poplitée; toute la face dorsale et
interne du pied, jusques et y compris le gros orteil,
n'était pas seulement douloureuse, mais continuellement engourdie. Au bout de dix jours de traitement,
le malade, qui auparavant marchait avec peine et
se fatiguait rapidement, pouvait déjà faire de très-
longues courses et gravir des chemins escarpés,

sans éprouver aucune fatigue. Toute douleur avait
disparu. Plus tard, après une de ces promenades
qui, cette fois, fut peut-être trop longue, les douleurs reparaissent avec engourdissement de l'orteil;
cette exacerbation nouvelle dura environ trois
semaines, et ne s'amenda qu'avec les frictions de
neige répétées deux et trois fois par jour.

Ce malade quitta Divonne non guéri, mais dans
un état assez satisfaisant : de rares et faibles douleurs reparaissent quelquefois, et l'engourdissement de l'orteil persiste.

Réflexion. — Je pense qu'un traitement hygiénique et modéré, suivi à domicile pendant quelque
temps encore, aura raison de cette opiniâtreté,
d'autant plus extraordinaire, qu'au début de la
cure, pendant un certain nombre de jours, la guérison radicale paraissait assurée.

C'est, à ma connaissance, le premier cas de
névralgie sciatique sur lequel le traitement hydrothérapique n'ait pas remporté un triomphe écla-
tant.

**31. Névralgie crânienne à la suite de travaux trop
sédentaires.**

Age, quarante-quatre ans; *sexe* masculin; *tempérament* sanguin nerveux. Dès le début de la maladie, dérangement fréquent des fonctions digestives, puis douleurs dans la tête; bourdonnement

dans les oreilles, bouche pâteuse et amère; abus
des purgatifs, sommeil lourd, aucune trace d'hémorrhoïdes. Depuis quelques mois, digestions
plus laborieuses, douleur violente et continue
depuis la région frontale jusqu'à la région occipi-
tale; selles déliées. *Traitement.* Frictions avec le
drap mouillé; triple étuve humide de vingt minutes de durée, suivie d'ablutions tempérées;
bains de siége et pédiluves dérivatifs, ceinture
mouillée. *Durée*, deux mois. *Guérison.*

**82. Névralgie faciale, tic douloureux, rhumatisme
musculaire, hypocondrie.**

Age, trente-huit ans; *sexe* masculin; *tempérament* nerveux. *Causes :* peines morales, déception,
excès de travaux d'esprit; grande impressionnabilité
de la peau et du système nerveux : la moindre sensation de froid irrite le malade, et réveille à l'instant
des douleurs intolérables, surtout à la face, au
point de sortie des nerfs trijumèaux. Quand cette
névralgie se déclare, elle dure plusieurs jours de
suite avec une intensité remarquable, puis elle
cesse en laissant tout le système nerveux dans un
état d'angoisse difficile à décrire : froid continuel
aux pieds, abolition complète des fonctions du
système cutané; impossibilité de se livrer à un
travail un peu sérieux. *Traitement.* Frictions avec
le drap mouillé, ablutions générales à 18 degrés,

puis insensiblement à 12 degrés; étuve humide
répétée, suivie d'abord d'ablutions, puis plus tard
de la piscine; douche en pluie latérale, en évitant
de toucher la tête; plus tard douche à colonne,
surtout vers les extrémités inférieures; bains de
siége dérivatifs; ceinture mouillée, pédiluves excitants. *Durée*, deux mois. *Guérison*.

Ce malade pour lequel la sensation du froid aux
pieds était un véritable tourment, portait plusieurs
paires de bas de laine, et tout son corps était couvert de flanelle; il avait même poussé la précau-
tion jusqu'à laisser croître sa barbe et ses cheveux
dans le seul but de protéger la tête contre toutes
les impressions extérieures. Malgré tous ces soins,
chaque transition de température l'affectait dés-
agréablement, et le froid aux extrémités était
permanent. Il abordait la cure d'eau froide avec
une excessive répugnance.

Dès les premiers jours du traitement je lui fis
d'abord, à son grand regret, quitter ses bas de
laine pour des chaussettes de coton, après avoir
fait usage déjà de quelques bains de pieds froids;
puis peu à peu il ne porta plus de bas et conserva
ses pieds nus dans ses souliers; il enleva aussi
graduellement ses flanelles, et, malgré la saison
qui commençait à devenir rigoureuse, il perdit
ainsi de funestes habitudes qui privaient la peau
du contact fortifiant de l'air, suspendaient les fonc-

tions de cet organe et le rendaient d'autant plus impressionnable.

Au bout de deux mois de traitement, la névralgie faciale, qui n'avait pas reparu, put être considérée comme guérie. En effet, depuis que ce malade a quitté Divonne, j'ai appris qu'il avait pu reprendre ses travaux de cabinet sans avoir souffert un seul instant. La mélancolie qui accompagnait cette pénible et cruelle affection a totalement disparu ; il ne reste que quelques douleurs aux épaules, beaucoup moins fortes qu'auparavant, mais qui se réveillent volontiers lorsque la température est humide. Une deuxième cure en fera justice.

33. Névralgie sciatique.

Age, quarante-cinq ans ; *sexe* féminin, *tempérament* nerveux. *Traitement*. Étuve sèche avec compresses excitantes sur le trajet du nerf sciatique, suivie d'ablutions tempérées, puis du grand bain partiel ; douche à colonne. Au bout de six jours, la névralgie, qui empêchait la malade de marcher, était vaincue, et pendant six semaines qu'a duré le traitement, aucune sensation douloureuse n'est venue faire redouter une récidive. *Durée*, six semaines. *Guérison*.

34. Névralgie sciatique.

Age, vingt-huit ans ; *sexe* masculin ; *tempéra-*

ment sanguin nerveux. *Traitement.* Étuve sèche,
suivie d'ablutions tempérées et de la piscine;
douche à colonne.

La douleur s'est considérablement accrue pendant les quinze premiers jours. Au bout de ce
temps un érythème considérable s'est manifesté
sur la jambe malade seulement. J'ai conseillé le
repos pendant deux jours, en me bornant à faire
pratiquer des lavages, puis j'ai commencé la
douche à colonne, qui a fait immédiatement disparaître toute sensation douloureuse. *Durée*, cinq
semaines. *Guérison.*

TROISIÈME SÉRIE

NÉVROSES. — NÉVROPATHIES.

---

35. Chlorose, aménorrhée.

Age, vingt ans; *sexe* féminin; *tempérament* lymphatique : pâleur de la face, décoloration des
gencives et des lèvres, altération des forces digestives, oppression, palpitations en montant l'es-
calier, affaiblissement musculaire général, pesanteur vers les lombes et fatigue des membres
inférieurs; anorexie, constipation. *Traitement.*
Ablutions tempérées matin et soir, frictions avec
le drap mouillé; dans la journée, six verres d'eau

fraîche puisée à la source, bains de siége toniques de très-courte durée, ceinture mouillée, douche rectale, exercices gymnastiques. *Durée*, trois mois. *Guérison*.

36. Hypocondrie, obésité.

Age, quarante-deux ans; *sexe* masculin; *tempérament* bilieux et nerveux. *Causes* : abus de l'onanisme, nuits agitées, insomnie complète, appétit vorace, transpiration abondante, langue saburrale, toux périodique pendant l'hiver, douleurs vagues correspondant aux régions cervicale et dorsale de la moelle épinière; pollutions nocturnes assez fréquentes, selles régulières, brunâtres, moral inquiet, caractère bizarre et mélancolique.

Traitement. Étuve humide, suivie d'ablutions tempérées et de la piscine; bains de siége dérivatifs, douche en pluie générale, ceinture mouillée; douche rectale, exercices gymnastiques, distraction continuelle.

Durée, quatre mois. *Guérison*.

37. Spasmes hystériques de l'estomac et du diaphragme, éructations bruyantes et inodores survenant par accès.

Age, vingt-cinq ans; *sexe* féminin; *tempérament* sanguin nerveux. Chaque jour, à peu près à la même heure, c'est-à-dire à onze heures du matin et à cinq heures du soir, sans cause appréciable, cette malade se sentait d'abord fatiguée, la tête lourde,

la face chaude et fortement colorée; puis au bout
de quelques instants, pendant lesquels se décla-
rait une petite toux sèche et de nature hystérique,
survenaient de puissantes et larges éructations très-
bruyantes, ne laissant après elles ni odeur ni saveur, et ne rappelant en aucune façon les aliments
ingérés dans le repas précédent; elles étaient essentiellement formées d'air et se succédaient souvent avec une rapidité effrayante. Cet accès durait,
terme moyen, de trente-cinq à cinquante minutes,
et se renouvelait presque régulièrement deux fois
par jour. Toutes les autres fonctions s'accomplis-
saient avec une intégrité parfaite. Une course en
voiture la fatiguait beaucoup et provoquait presque
toujours des crises plus pénibles.

Pendant un certain temps, cette malade avait
déjà obtenu, après une première cure beaucoup
trop courte, un amendement notable dans cette
cruelle affection; mais bientôt à ce calme momen-
tané succédèrent de nouveaux spasmes et de nouvelles éructations.

Attribuant cette rechute à une insuffisance du
traitement hydrothérapique, elle s'adressa pendant six mois à un médecin homœopathe. Sous l'influence de sa médication le mal s'accrut avec une
prodigieuse activité, et désespérée, elle consentit,
sur mon invitation, à entreprendre à Divonne une
cure plus longue et plus sérieuse.

Traitement. Double étuve humide suivie d'ablutions tempérées à 18 degrés d'abord , puis à 12 degrés et à 10 (cette opération était généralement renouvelée deux fois par jour); bains de siége dérivatifs prolongés, douche en pluie, douche à colonne brisée sur l'épigastre et directe sur les membres inférieurs , ceinture mouillée , pédiluves excitants. Peu à peu cette malade perdit cette teinte violacée de la face, les maux de tête diminuèrent, les accès d'abord plus faibles , s'éteignirent graduellement, et, après une cure de trois mois environ, elle retourna dans sa famille parfaitement guérie. Je viens de recevoir de ses nouvelles , et j'apprends avec plaisir qu'elle a pu faire un assez long voyage sans que les crises aient reparu : la guérison radicale semble donc assurée.

Durée, trois mois. *Guérison.*

38. Hypocondrie.

Age, trente-neuf ans; *sexe* masculin; *tempérament* sanguin nerveux, irritabilité excessive. *Traitement.* Étuve humide, suivie de lotions à haute température (pour ce malade, je ne me suis jamais servi d'eau au-dessous de 14 degrés), bains de siége prolongés, douche rectale, ablutions générales. *Durée*, deux mois. *Guérison.*

39. Hystérie avec congestions fréquentes à la tête.

Age, vingt-cinq ans; *sexe* féminin; *tempérament* sanguin nerveux. Le désordre le plus apparent était un grand défaut d'équilibre dans la circulation; la menstruation peu en rapport par sa rareté avec la puissante et riche constitution de cette malade, provoquait des accès de pleurs non motivés et une grande irritabilité du système nerveux. *Traitement.* Étuve humide suivie d'ablutions à 12 degrés, puis à 6 degrés et demi centigrades. Bains de siége à 14 degrés d'une durée de trente à soixante minutes; pédiluves excitants; douche en pluie générale, douche à colonne; seize verres d'eau par jour. *Durée*, trois mois. *Guérison.*

40. Névropathie générale; hystérie chez l'homme.

Age, trente-deux ans; *sexe* masculin; *tempérament* nerveux. *Traitement.* Étuve humide suivie d'applications diverses de l'eau froide à une température toujours moyenne; douche en pluie latérale; bains de siége toniques de courte durée; ceinture mouillée. *Durée*, deux mois. *Guérison.*

41. Hypocondrie, monomanie.

Age, trente-cinq ans; *sexe* masculin; *tempérament* bilieux et nerveux. Ce malade n'a pu retirer de la cure d'eau froide tout le bienfait désirable,

attendu que son genre d'affection nécessitait absolument la séquestration et des soins moraux qu'on
në peut trouver que dans un établissement spé-
cial. *Insuccès.*

42. Névropathie générale, hypocondrie.

Age, quarante-quatre ans; *sexe* masculin; *tempérament* lymphatico-nerveux. A la suite d'un profond chagrin, ce malade, d'un caractère ordinairement très-gai, mène une vie retirée, puis peu à peu,
ressent quelques douleurs vagues dans les membres
dont il s'inquiète beaucoup et qui sous cette funeste influence morale semblent augmenter d'intensité. Elles occupent principalement la portion cervicale de la moelle épinière, la queue de cheval et
les jambes. Les digestions deviennent plus laborieuses, la langue saburrale et la préoccupation
constante de ses maux augmentés par une imagi-
nation déjà frappée, provoquent bientôt une grande
tristesse et une profonde mélancolie.

Traitement. Étuve sèche, puis étuve humide
suivies de lavages d'abord tempérés, puis de la
grande piscine; bains de siége dérivatifs; ceinture
mouillée; douche à colonne; distraction constante;
exercices gymnastiques. *Durée,* six semaines. *Guérison.*

43. Névrose de l'estomac, ayant résisté à toutes sortes de médications, maigreur excessive, dyspepsie.

Age, quarante-deux ans ; *sexe* masculin ; *tempérament* lymphatique et nerveux. Ce malade, atteint depuis longues années d'un trouble profond dans l'innervation de l'estomac, qui provoquait à chaque instant du jour et de la nuit, des douleurs intolérables dans toute la région épigastrique, avait vu peu à peu sa santé décliner ; la privation presque forcée d'alimentation avait amené une maigreur excessive, une constipation opiniâtre, et un état d'hypocondrie qui jetait souvent cet intéressant malade dans des accès de désespoir. Ces douleurs épigastriques qui autrefois avaient été précédées d'une sensation pénible à la gorge, n'étaient ni entretenues ni apaisées par les quelques rares aliments qui composaient sa nourriture : on ne pouvait assigner à ces douleurs aucune cause immédiate, car, presque continues, elles laissaient entre elles de très-courts intervalles : elles étaient peu souvent accompagnées d'éructations et jamais de vomissements. Leur siége, leur caractère avaient pu d'abord faire soupçonner quelque altération de mauvaise nature ; mais un examen attentif détruisit bientôt cette crainte. La langue était constamment blanche, décolorée, les lèvres et les gencives conservaient leur teinte normale, la peau était pâle et inerte.

Traitement. Étuve humide répétée deux fois par jour et suivie d'ablutions à 18 degrés pendant un mois ; au bout de ce temps, je commençai seulement à abaisser la température de l'eau et j'arrivai insensiblement à celle de la source. Bains de siége dérivatifs et prolongés ; douche à colonne brisée sur l'épigastre et directe sur les membres et le long de la colonne vertébrale ; lavements froids ; ceinture mouillée en permanence ; régime particulier ; quatre ou cinq repas par jour composés chacun de laitage, de fruits, de farineux et de viande rôtie en petite quantité : au bout de deux mois seulement, je pus constater un amendement sensible dans les douleurs, les nuits surtout étaient meilleures ; à ce moment réapparaissent les douleurs de la gorge coïncidant avec la cessation complète de celles de l'estomac ; cravate mouillée nuit et jour. Les digestions se font plus facilement, les forces augmentent avec l'alimentation, la langue est plus rosée, la peau a perdu sa teinte maladive et fonctionne avec plus d'énergie, l'embonpoint reparaît. En effet, ce malade à son entrée pesait cent dix-sept livres et au bout de deux mois, il pèse cent vingt-huit livres ; son moral est dans un état parfait, sa physionomie exprime une reconnaissance profonde ; les douleurs de la gorge ont disparu peu à peu, et il n'éprouve que très-rarement vers la région épigastrique une sensation sourde et obtuse, qui, j'en suis convaincu, disparaîtra bientôt grâce au traitement hygiénique dont il continuera l'usage pendant un certain temps encore. *Durée,* trois mois. *Guérison.*

44. Hypocondrie.

Age, vingt-cinq ans; *sexe* masculin; *tempérament* sec et nerveux. *Traitement.* Ablutions tempérées, puis grand bain froid; douche en pluie; bains de siége dérivatifs; ceinture mouillée. *Durée,* deux mois. *Guérison.*

45. Névropathie générale, aphonie intermittente.

Age, quarante-huit ans, *sexe* masculin; *tempérament* nerveux. *Traitement.* Ablutions témpérées; piscine, douches en pluie, bains de siége toniques; ceinture mouillée. *Durée,* six semaines. *Guérison.*

46. Douleurs vagues à caractère hystérique, hypocondrie.

Age, quarante ans; *sexe* féminin; *tempérament* nerveux. *Traitement.* Étuve humide suivie de lavages à 18 degrés, ceinture mouillée; bains partiels avec massage et frictions. *Durée,* deux mois. *Guérison.*

47. Hypocondrie, circulation mal équilibrée, congestions vers la tête, extrémités froides, constipation.

Age, trente-cinq ans; *sexe* masculin; *tempéra-*

ment sanguin nerveux. *Traitement.* Frictions avec le drap mouillé; étuve humide; ablution à 16 degrés, piscine, douche à colonne sur la plante des pieds, bains de siége et pédiluves dérivatifs, lavements froids. *Durée*, cinq semaines. *Guérison.*

48. Névropathie générale, hystérie.

Age, quarante et un ans; *sexe* féminin; *tempérament* sanguin nerveux. *Traitement.* Étuve humide, ablutions tempérées, frictions avec le drap mouillé, piscine, douche en pluie générale, bains de siége toniques, ceinture mouillée. *Durée*, deux mois. *Guérison.*

49. Hystérie avec accès intermittents.

Age, seize ans; *sexe* féminin; *tempérament* sanguin nerveux. *Traitement.* Frictions avec le drap mouillé, étuve humide double, répétée deux fois par jour, et suivie d'ablutions tempérées, puis de la piscine, douche en pluie, ceinture mouillée, bains de siége dérivatifs, pédiluves excitants. *Durée*, deux mois. *Guérison.*

50. Névropathie générale, hypocondrie.

Age, trente-huit ans; *sexe* masculin; *tempérament* sanguin nerveux. *Traitement.* Frictions avec le drap mouillé, deux étuves humides dans la journée, bains de siége toniques, douche en pluie, douche à colonne, ceinture mouillée, pédiluves, lavements froids. *Durée*, six semaines. *Guérison.*

51. Névropathie générale, accès hystériques.

Age, vingt-neuf ans ; *sexe* féminin; *tempérament* nerveux ; irritabilité excessive. *Traitement.* Frictions avec le drap mouillé, étuve humide, ablutions tempérées, piscine, bains de siége dérivatifs et pédiluves excitants. *Durée*, deux mois. *Guérison.*

52. Hypocondrie.

Age, quarante-cinq ans ; *sexe* masculin; *tempérament* nerveux. *Traitement.* Ablutions générales, piscine, douche à colonne, exercices gymnastiques, promenades et distractions. *Durée*, six semaines. *Guérison.*

53. Névropathie, irritabilité excessive.

Age, cinquante-quatre ans ; *sexe* masculin ; *tempérament* nerveux et sanguin. *Traitement.* Étuve humide suivie de la friction avec le drap mouillé, puis des lavages tempérés et, de la piscine, bains de siége à 12 degrés. *Durée*, deux mois. *Guérison.*

54. Chorée.

Age, douze ans ; *sexe* féminin ; *tempérament* nerveux. *Traitement.* Étuve sèche et immersion brusque dans l'eau froide, bains de siége dériva-

tifs, douche en pluie de très-courte durée. *Durée*,
six semaines. *Guérison.*

55. Hypocondrie.

Age, trente-quatre ans; *sexe* masculin; *tempérament* sanguin. *Traitement.* Étuve humide, ablutions tempérées à 18 degrés, puis à 16 degrés,
douche à colonne vers les extrémités inférieures,
bains de siége, lavements froids. *Durée*, deux mois.
Amélioration.

56. Affection hystérique, circulation mal établie, extrémités froides, constipation.

Age, vingt-six ans; *sexe* féminin; *tempérament*
nerveux et sanguin. Cette jeune malade, assez
gravement atteinte, a accordé au traitement un
temps beaucoup trop court pour qu'il ait pu agir
d'une manière efficace. *Durée*, deux semaines.
Insuccès.

57. Hystérie.

Age, quarante-deux ans; *sexe* féminin; *tempérament* nerveux. Pour la deuxième fois, cette malade
est revenue à Divonne; après le succès de la première
cure, elle a compris que le traitement hydrothérapique était le seul de tous les moyens thérapeutiques qu'elle avait d'ailleurs largement passés en
revue, qui pût modifier et guérir une affection
déplorable qui assombrissait sa vie, ainsi que celle

de tous ceux qui l'entouraient. Aussi n'a-t-elle pas hésité, sans qu'aucune récidive y ait cependant donné lieu, à passer encore six semaines à Divonne, pour y maintenir son état de bien-être.

58. Paraplégie hystérique, disparaissant sous l'influence du magnétisme et de l'eau froide; hydropéricardite.

Suite de l'observation 17e publiée dans le dernier compte rendu de 1850.

Ainsi que je l'ai annoncé à la page 128 de mon dernier ouvrage, Mme .... est restée tout l'hiver et presque tout le printemps à Divonne; elle a continué son traitement, et le résultat obtenu, ainsi que les circonstances bizarres qui l'ont précédé, méritent de fixer l'attention de mes confrères. Je leur ai promis d'ailleurs de les tenir au courant des faits que j'aurais pu recueillir depuis le 1er janvier 1851 jusqu'au jour de son départ, je tiens ma promesse et je me crois autorisé d'abord par la malade, puis par l'intérêt pathologique qu'elle a offert, à modifier la méthode que j'ai adoptée cette année et à revenir à l'observation analytique la plus détaillée.

Mme .... revient à Divonne le 8 janvier 1851, après une absence de quinze jours passés au milieu de sa famille. La paralysie de l'estomac a continué (on se rappelle que dans son sommeil magnétique

elle nous avait prédit qu'elle ne se dissiperait qu'à
la fin de janvier); sa nourriture se compose toujours de viandes blanches, veau ou poisson, riz
au lait ou au beurre, pâtes, fruits cuits, pain ras-
sis, lait coupé avec de l'eau et de l'eau pour boisson. Elle vomit chaque jour les aliments ingérés,
excepté le déjeuner, qui se compose de lait et
d'eau.

L'hydropéricardite, dont elle est atteinte, occa-
sionne souvent de très-vives souffrances: la constipation est toujours opiniâtre, et comme on le sait,
on ne peut la combattre ni par les lavements ni
par les purgatifs. La chaleur générale de son corps
est parfaitement harmonisée, et elle marche avec
autant de facilité que si elle n'avait jamais été
malade. Les syncopes cataleptiques de la nuit durent toujours; les époques ordinairement assez régulières n'ont pas reparu cette fois.

8 janvier. — *Reprise du traitement*. Piscine le
matin, magnétisation, douche à colonne; le soir,
magnétisation.

J'ai remarqué que les douleurs de la moelle épinière, qui n'ont pas complétement disparu, étaient
exaspérées sous l'influence du vent du nord. Elles
sont, dans ce cas, facilement calmées par la pré-
sentation de la main du magnétiseur, à la distance
de deux pouces de la colonne vertébrale.

13 janvier. — Les douleurs de la région précor-

diale devenant plus énergiques, toute application de l'eau froide est supprimée ; mais celle du magnétisme continue comme par le passé.

20 janvier. — Déjà les aliments qui composent le souper et le déjeuner ne sont plus vomis, le repas de midi l'est encore.

28 janvier. — Pendant que Mme .... est plongée dans le sommeil magnétique, elle annonce que le 15 février elle aura, à la suite d'une des syncopes de la nuit, une crise qui commencera à minuit trois quarts et qui durera trente-six heures.

29 janvier. — Tous les aliments sont parfaitement digérés, elle ne vomit plus après ses repas, l'estomac est rentré dans son état normal.

8 février. — Reprise de la piscine et de la douche à colonne. Mme .... n'a pas eu une seule selle depuis un mois ; interrogée à ce sujet pendant son sommeil , elle fait magnétiser un verre d'eau qu'elle doit boire seulement à son réveil ; cette eau magnétisée devra être continuée, dit-elle, jusqu'à nouvelle indication. La faim commence dès ce moment à devenir excessive. Elle ajoute, en outre : « La faim dévorante est toujours chez moi le signe précurseur des crises, elle ne doit pas être satisfaite ; depuis aujourd'hui jusqu'au 15, jour de ma crise, je mangerai très-peu : le matin, du lait et un très-petit morceau de pain ; à midi, un peu de potage et un peu de veau ; le soir, seulement

du pain et du lait. La veille de ma crise, je ne prendrai, le matin, que du lait sans pain ; à midi, un peu de potage et diète absolue le soir. On pourra prévenir ma crise en me magnétisant depuis neuf heures du soir jusqu'à quatre heures du matin; sans cette magnétisation, elle durerait trente-six heures. Le régime que je prescris est pour éviter une irritation de l'estomac, qui nécessiterait une application de sangsues. Quand l'heure de la crise sera venue, et que je ressentirai des spasmes au cœur et au cou, il faudra me faire cinquante-trois passes lentes et égales de la tête aux pieds, se re- poser pendant cinq minutes, renouveler le même nombre de passes, même repos; faire encore cin- quante passes, se reposer de nouveau, et terminer ainsi jusqu'au calme complet. Après cette crise j'aurai moins faim, j'éprouverai de la fatigue et des angoisses pendant quelques jours; je devrai continuer l'emploi de l'eau froide. »

15 février. — A minuit trois quarts la crise commence; exécution fidèle des prescriptions des passes, etc.; à trois heures le calme se rétablit, elle dort du sommeil magnétique et recommande qu'on la laisse ainsi jusqu'à huit heures du matin, moment auquel elle doit spontanément se réveiller.

Tout s'est passé exactement comme elle l'avait indiqué. Pendant la magnétisation suivante, elle dit qu'elle peut désormais se nourrir comme auparavant, mais qu'on doit éviter absolument de lui donner des pommes de terre. La crise, quoique avortée, lui a laissé beaucoup d'angoisses et de tristesse; elle n'a pas d'appétit et elle prévoit que le lendemain elle souffrira beaucoup du cœur.

16 février. — Douleurs violentes au cœur; anorexie.

17 février. — Mme .... reçoit quelques visites qui lui font beaucoup de bien, et dissipent la nostalgie qui commençait à naître depuis deux jours. Pendant le sommeil magnétique du soir, elle annonce que sa tristesse et ses angoisses reparaîtront encore pendant quelque temps.

21 février. — La nostalgie recommence.

26 février. — *Même traitement.* Douleurs thoraciques, irritation, toux nerveuse.

27 février. — Céphalalgie.

1er mars. — La nostalgie, qui persiste, laisse apparaître de temps en temps quelques rares moments de gaieté et d'expansion; le visage, qui autrefois était si pâle et si frappé par la souffrance, est aujourd'hui frais et riant.

2 mars.—Expectoration fortement striée de sang.

5 mars. — La malade annonce, sous le sommeil, qu'il sera bientôt nécessaire de lui pratiquer une saignée; que cependant, pour essayer de l'éviter, on doit, chaque soir, remplacer la douche à co-

lónne par un bain de pieds : l'eau, dit-elle, ne doit pas même atteindre les malléoles ; elle doit être très-froide et la durée du bain, de trois minutes d'abord, devra augmenter graduellement chaque jour, en l'accompagnant de toutes les précautions indiquées par l'hydriatrie. Dans la nuit du 5 au 6, épistaxis considérable (c'est la seule qu'elle ait eu pendant toute sa vie); elle perd environ deux livres d'un sang très-noir et épais.

6 mars. — Le soir, douleurs thoraciques ; pouls à quatre-vingt-dix ; oppression ; vomissements de sang assez considérables pour remplir environ une tasse ordinaire ; pas d'expectoration.

7 mars.—Le matin, céphalalgie ; pouls à quatre-vingts, le soir à quatre-vingt-dix ; abdomen très-ballonné, plus à droite qu'à gauche ; ce gonflement ne ressemble nullement à ceux qu'elle a déjà eus autrefois, le ventre conserve sa souplesse et son élasticité.

8 mars. — *Piscine;* bains froids ; depuis que l'eau magnétisée est mise en usage chaque matin, les évacuations alvines se font spontanément tous les deux ou trois jours ; on ne suspendra l'emploi de cette eau que lorsque la malade l'indiquera elle-même.

10 mars. — *Ut supra;* à quatre heures du soir, toux fréquente et profonde, à la suite de laquelle surviennent plusieurs vomissements de sang (ce

que la malade appelait des *regorgements*), qui, successivement ont fourni dans l'espace d'une demi-heure, au moins un demi-litre d'un sang rouge foncé et spumeux : le soir, douleur vive à la poitrine ; pendant la magnétisation habituelle, la malade, interrogée à ce sujet, dit : « Je cracherai encore du sang ; depuis le dernier accès de toux survenu à quatre heures et qui a été très-long, je ressens une douleur au côté droit de l'abdomen, vers *une tumeur* qui existe à cet endroit ; le cœur me fait toujours souffrir, moins cependant qu'il y a quinze jours, le péricarde renferme moins de sérosité qu'à cette époque. »

11, 12 mars. — La marche est difficile et produit de violentes douleurs à la région iliaque droite et vis-à-vis le sacrum. Demi-bain de son à 25 degrés ; suspension du traitement.

13 mars. — La nuit du 12 au 13 a été pénible ; à trois heures du matin le ventre a diminué ainsi que les douleurs ; les époques ont paru très-abondantes après une interruption de près de deux mois et demi.

15 mars. — Les règles tendent déjà à diminuer au bout de deux jours ; dès le début elles ressemblaient à une ménorrhagie ; la région iliaque droite est toujours tuméfiée et douloureuse ; la marche est difficile.

18 mars. — Violente céphalalgie semblable à

celle qu'elle ressentait pendant la fièvre cérébrale dont elle était atteinte à l'approche de chaque printemps : l'abdomen est énorme, bains de pieds froids.

22 mars. — Leucorrhée abondante. *Douches vaginales froides.*

24 mars. — La douleur iliaque est des plus violentes depuis quelques jours, les jambes sont enflées. Il est inutile de rappeler que la magnétisation a lieu tous les jours deux fois, sans interruption, et que les prescriptions qu'elle exécute sont ordonnées par elle, pendant le sommeil dans lequel on la plonge.

28 mars. — Douleur de tête, *saignée du bras d'une livre et demie.* Le sang est de bonne nature. La céphalalgie diminue seulement le 29 dès le matin, mais le ventre est plus douloureux encore.

29 mars. — Demi-bain de son à 25 degrés. Elle apprend la mort d'une personne qui lui est chère, elle en est vivement affectée ; quelques troubles nerveux apparaissent ; à peine est-elle endormie du sommeil magnétique que des syncopes successives se déclarent.

4 avril. — Du 29 mars au 4 avril, même état : le 4 la région iliaque est toujours aussi douloureuse, la douleur gagne la région hypogastrique ; la céphalalgie que la saignée avait réussi à calmer momentanément n'a jamais été plus violente qu'aujourd'hui.

« Je lisais cette après midi, nous dit-elle pendant
son sommeil, il est arrivé un moment où, tout en
continuant de lire à haute voix, j'entendais bien le
son d'une voix, mais sans avoir la conscience que
ce fût la mienne ; je souffrais tant que mes yeux
se sont renversés; des passes latérales que vous
m'avez faites pendant une demi-heure m'ont un
peu soulagée. Ce soir ma tête me fait de nouveau
bien mal. » La douleur du dos persiste toujours ;
les jambes sont généralement moins enflées, excepté le soir; le cœur paraît être dans le même état;
quand il est douloureux la tête l'est moins ; en
somme cette dernière est toujours plus souffrante.
La malade n'a pas eu de selles depuis le 28 mars ;
avant cette époque, l'eau magnétisée en provoquait une presque chaque jour. La sécrétion urinaire est complétement suspendue depuis quatre
jours ; anorexie ; amaigrissement; deux demi-bains
à 20 degrés.

6 avril. — Quelques gouttes d'urine occasionnent des douleurs atroces pendant leur émission ;
une très-petite selle, dure et desséchée, s'accom-
pagne aussi de grandes souffrances.

7 avril. — Retour des règles; elles sont peu abondantes.

10 avril. — Depuis le 6 les urines et les selles
sont de nouveau suspendues. La céphalalgie très-
violente n'est calmée que par le souffle chaud du

magnétiseur dirigé sur le front de la malade pendant un quart d'heure.

13 avril. — Névralgie dentaire et faciale très-intense, causant deux ou trois crises par jour ; resserrement des mâchoires.

21 avril. — Inquiets de cette douleur persistante à la région iliaque et hypogastrique, de cette constipation extraordinaire et surtout de cette suspension prolongée de la sécrétion urinaire ; d'un autre côté, depuis quelques jours, obtenant avec beaucoup de peine les directions ordinaires données pendant le sommeil magnétique, et forcés cependant, malgré la répugnance de la malade, de nous éclairer sur l'état organique de l'utérus, que nous soupçonnions devoir être compromis, nous avons dû insister pour qu'une consultation ait lieu. L'exploration par le speculum et par le toucher ayant été faite par le médecin consulté, il nous déclara que la matrice était fort élevée, que son col était proéminent, arrondi, sans inégalités, que sa lèvre postérieure était rouge et tuméfiée mais sans douleur; il reconnut la présence d'un énorme paquet excrémentiel dans le rectum. La malade se refusant absolument à recevoir une injection intestinale, et craignant de faire naître de grands désordres nerveux par l'action du plus léger laxatif, nous nous sommes décidés à appliquer huit sangsues sur le col de l'utérus en nous aidant du speculum.

Elles ont fourni peu de sang; après l'application des sangsues une première crise nerveuse survint, puis une seconde pendant la nuit suivante.

24 avril. — Deux selles très-copieuses, très-dures et desséchées, sous forme de masses bosselées, du volume au moins de deux œufs de poule et conservant l'empreinte du cœcum. Trois crises nerveuses dans la nuit, du 24 au 25.

28 avril. — Dans la nuit du 28 au 29, une seule émission d'urine tellement considérable qu'elle remplit presque le vase, quoique jusqu'à ce moment la vessie n'ait pas paru être distendue.

1er mai. — La céphalalgie est si vive que la malade semble avoir perdu l'usage de ses facultés : ses idées se troublent et elle reste plongée dans un état comateux.

2 mai. — Dans la nuit du 2 au 3, crise violente sans roideur cataleptique cependant, mais avec délire; la parole est basse, saccadée, quelquefois précipitée; elle pousse des cris plaintifs, appelle par leur nom des personnes qui lui sont chères ; cette crise dure vingt-six heures. Deux saignées du bras, une pendant la crise, une seconde après la crise. La tête est plus calme et la douleur plus supportable.

8 mai. — Gonflement et soulèvement de la ré-

gion épigastrique, nausées fréquentes, langue
saburrale à la base.

14 mai. — Peu à peu tous ces accidents s'amen-
dent, sans cependant disparaître tout à fait.

15 mai. — Émétique en lavage (un grain dans
six verres de petit-lait). Deux verres seulement
sont ingérés et occasionnent une douleur si violente à l'épigastre, et un état nerveux si pénible,
qu'on est forcé de discontinuer.

17 mai. — Les douleurs du dos deviennent in-
supportables, le moindre attouchement excite les
plus vives douleurs ; la faiblesse est extrême, la
station sur les jambes est presque impossible ;
froid général, insensibilité surtout à la partie inférieure, depuis l'extrémité des orteils jusqu'au-
dessous du genou ; passes longitudinales prolon-
gées ; elle ne les sent pas comme autrefois, excepté
à la partie antérieure de la cuisse ; frictions magnétiques sur la colonne vertébrale ; la malade,
qui un moment auparavant ne pouvait pas même
supporter sur cette région le simple contact du
drap du lit, tolère ces frictions qui sont faites avec
une certaine vigueur et qui lui font le plus grand
bien : même opération sur les jambes et les pieds ;
la chaleur et la sensibilité reparaissent aux extrémités.

18 mai. — La nuit a été assez calme; vers neuf
heures du matin, le froid et l'insensibilité revien-

nent de nouveau ; syncope qui dure jusqu'à midi : calme pendant quatre heures , mais l'insensibilité persiste ; le soir, frictions énergiques avec un peu moins de succès que la veille.

19 mai. — Ces frictions sont renouvelées le matin, la chaleur revient plus rapidement, et chaque jour cette opération est pratiquée deux fois jusqu'au 25 mai.

26 mai. —Depuis cette époque jusqu'à celle du départ de Mme ...., tous les accidents signalés plus haut ont disparu peu à peu ; les selles et les urines sont normales ; elle peut dormir *naturellement* pendant la nuit , ce qu'elle n'avait pu faire depuis le commencement de sa maladie qui, on le sait, remonte à plusieurs années. Le dos conserve encore une assez grande sensibilité, mais les douleurs ont disparu : la marche est libre , la chaleur du corps est uniforme, et le bien-être obtenu se maintiendra, nous l'espérons, à la condition de ne pas suspendre brusquement l'action du magnétisme ; j'ai reçu il y a quelque temps des nouvelles de cette intéressante malade, et j'ai appris avec beaucoup de satisfaction que ce dernier état s'était maintenu, et qu'elle se livrait avec facilité aux soins de son ménage. Elle souffre encore du cœur, mais je ne crois pas qu'on puisse jamais espérer de cette lésion une guérison complète.

Un fait digne de remarque au point de vue magnétique, c'est que Mme .... qui, dans les premiers temps de sa cure, jouissait d'une lucidité quelquefois très-remarquable, a perdu complétement cette faculté à mesure que sa singulière affection perdait de sa gravité.

59. Paraplégie hystérique, état électro-magnétique bizarre, somnambulisme magnétique spontané.

Suite de l'observation 16e *du compte rendu de* 1850.

Mlle .... a quitté Divonne le 29 décembre 1850, après une cure de quatorze semaines ; ainsi que je l'ai déjà dit, la guérison n'était pas complète, puisqu'il fallait encore des nuits presque sans sommeil pour conserver la possibilité de la locomotion. Je vais sommairement indiquer à mes confrères ce qui est survenu depuis cette époque.

Le régime alimentaire a été suivi ponctuellement ; tous les jours on a pratiqué à la malade un lavage froid, des frictions sur les jambes, et elle a pris trois ou quatre grands bains froids par semaine ; l'horreur qu'elle éprouve pour les araignées est toujours extraordinaire, et la musique la fait constamment tomber en syncope. On se rappelle qu'elle m'avait prédit que, pendant un an encore, elle aurait quelques crises et quelques accès de somnambulisme, semblables à ceux que j'ai décrits dans l'ouvrage précédent ; que peu à peu ils deviendraient moins pénibles, moins fréquents, qu'ils se dissiperaient et que tout rentrerait dans l'ordre. En effet, un mois après son départ de Divonne, au moment où elle jouissait en apparence de la santé la plus parfaite, et pendant qu'elle causait avec une personne qui lui tenait ordinairement compagnie, la vue d'une araignée la plongea immédiatement dans une crise nerveuse très-violente, accompagnée de syncopes successives, de cris et de pleurs : habituellement, quand ces crises avaient duré une heure ou deux, il n'en restait aucune trace, si ce n'est un peu de fatigue et d'accablement ; mais cette fois il n'en devait pas être ainsi : à la crise proprement dite succéda un état bizarre ressemblant à l'idiotisme, pendant-lequel elle ne reconnaissait plus les personnes qui lui étaient le plus familières, elle marchait moins librement qu'avant la crise, elle ne dormait pas, et, chose étrange, elle recherchait et était heureuse et avide de voir les araignées qui, auparavant, lui inspiraient tant d'horreur ; elle pouvait, dans cet état, entendre la musique avec plaisir ; le regard était hébété, sans vie ; le visage décomposé, la parole inintelligible. Cette situation effrayante pour tous ceux qui ne pouvaient se rendre compte de l'étrangeté de cette affection, dura *trois mois* consécutifs sans que la plus légère modification se présentât : un jour seulement, comme simple expérience, des passes magnétiques lui furent faites

6

pendant environ deux heures, elle s'endormit, et pendant son sommeil elle nous prouva par ses réponses nettes et précises que les facultés intellectuelles n'étaient pas du tout compromises ; elle se réveilla au bout d'une heure environ, pour retomber dans le même état d'hébétement. Je dois noter que pendant ces trois mois les périodes cataméniques se succédèrent avec régularité.

J'avais toujours pensé qu'une crise ayant produit brusquement cette aberration singulière de l'intelligence, une crise devait y mettre un terme.

En effet, au bout du temps déjà indiqué, après avoir marché moins facilement *parce qu'elle avait ressenti depuis quelques jours le besoin de dormir*, elle eut plusieurs syncopes, des soubresauts nerveux, des mouvements convulsifs pendant deux heures, puis elle se frotta les yeux, comme si elle sortait d'un profond sommeil ; elle se leva, marcha parfaitement bien, et retrouvant près d'elle la personne qui lui tenait compagnie trois mois auparavant, elle reprit la conversation où elle l'avait laissée, sans qu'il restât la moindre trace de ce singulier phénomène. Alors reparut le même sentiment de répulsion pour les araignées, la musique, le bruit d'une détonation, etc. Il est inutile d'ajouter qu'elle ne garda aucun souvenir ni de la crise, ni de tout ce qui s'était passé pendant toute sa durée.

Dès lors, si elle voulait conserver la liberté de ses jambes, elle était forcée de se faire réveiller après une heure de sommeil. Dans le cas contraire, elle restait paralysée pendant au moins deux jours, et la sensibilité et la chaleur ne reparaissaient que lentement. Au bout d'un mois elle pouvait déjà, sans inconvénient, rester endormie pendant deux heures, puis insensiblement pendant trois heures; enfin, une année vient de s'écouler depuis son départ de Divonne, et après avoir ressenti quelques autres crises sans grande importance, cette malade peut maintenant dormir avec calme pendant une grande partie de la nuit sans qu'elle soit exposée à être paralysée le lendemain ; toutes les fonctions se font avec une parfaite intégrité; elle continue encore les bains froids et la santé paraît désormais rétablie.

Réflexions.— Ici, c'est sans contredit à l'emploi de l'eau froide que doivent revenir tous les honneurs de cette guérison; sans magnétisation, comme cela a eu lieu pour la malade de l'observation précédente, et sous l'influence *seule* de la douche et des frictions sur les jambes et les lombes, la chaleur et la sensibilité ont peu à peu reparu vers les extrémités inférieures.

Les deux malades qui font le sujet de ces deux observations, quoique en apparence atteintes de la même affection , *paraplégie hystérique avec perte de chaleur et de sensibilité*, me paraissent présenter une différence dans la cause déterminante de la maladie. En effet, dans l'observation cinquante-huitième, l'eau froide *seule*, sans l'aide du fluide magnétique, semblait insuffisante, tandis que chez cette dernière malade j'ai remarqué que les passes magnétiques tentées comme essai, présentaient un effet répulsif non équivoque, et paraissaient plutôt nuisibles qu'utiles : ne pourrait-on conclure de cette double observation, que, chez la première, il y avait eu insensiblement, à la suite de longues souffrances, épuisement des forces vitales, réparées par l'eau froide, et insuffisance du fluide nerveux complété par le magnétisme, tandis que chez la seconde, pleine de vie, de forces et de séve, il y avait au contraire exubérance et concentration du fluide nerveux inégalement réparti, et que le traitement hydrothérapique, dont la propriété la plus remarquable est de favoriser les forces expansives, tout en ramenant l'équilibre, a pu favoriser aussi par le système cutané, le dégagement du fluide en excès? L'état électrique extraordinaire qu'a présenté cette intéressante malade viendrait à l'appui de cette hypothèse.

60. Hypocondrie gastro-hépatite chronique.

Ce malade, qui fait le sujet de l'observation quinzième du compte rendu de 1850, est revenu au

printemps de 1851 à Divonne, après avoir vu se
réveiller, pendant cet intervalle, quelques légers
symptômes de son affection primitive. Plusieurs
douches, et quelques frictions avec le drap mouillé,
l'ont parfaitement rétabli, et je sais qu'aujourd'hui
sa santé ne laisse rien à désirer.

61. Névropathie succédant à la rétrocession d'un exan-thème, avec ulcération au bras gauche.

Age, quarante-deux ans; *sexe* masculin; *tempérament* sanguin. Ce malade, qui eût peut-être mieux
trouvé sa place dans la première série de cet ouvrage,
a été placé parmi les névropathies, car son affection
insidieuse semblait revêtir parfois la forme rhumatismale et cette autre forme bizarre et presque
innominée, qui semble devoir être rangée parmi les
lésions du système nerveux.

En 1840, ce malade eut un catarrhe bronchique
à la suite duquel survint un exanthème occupant
tout l'avant-bras gauche, et bientôt après une ulcération ayant l'apparence et l'étendue d'un vésica-
toire ordinaire. Une cure faite alors dans un
établissement d'eaux thermales sulfureuses, fit
disparaître cette ulcération au bout d'un mois de
traitement, et même jusqu'au dernier vestige de
l'exanthème; mais, dès ce moment, apparurent des
douleurs vagues, siégeant tantôt de préférence dans
les articulations des membres, tantôt seulement

dans leur voisinage; nouvel emploi des bains sul-
fureux qui n'eurent aucun résultat favorable; la
santé s'altéra peu à peu, le bras gauche devint plus
faible que le droit; une constipation opiniâtre succéda à des douleurs passagères, mais violentes,
dans le dos et dans l'abdomen; le malade perdit
l'appétit, les chairs devinrent flasques et molles, il
eut de fréquentes céphalalgies, accompagnées d'un
sentiment général de chaleur qui le mirent dans
l'impossibilité de se livrer à la moindre occupation
d'esprit.

Traitement. Frictions avec le drap mouillé;
bains de siége d'une heure à 18 degrés; ceinture
mouillée en permanence; étuve humide renouvelée
trois fois le matin et trois fois le soir, et suivie
d'ablutions à 14 degrés; douche à colonne et en
pluie; l'étuve humide ayant été ainsi appliquée
avec persévérance pendant un mois, l'exanthème
reparut au bras droit; compresses humides sèches
sur toute la surface malade; quelques pustules se
montrent au bout de quelques jours, et bientôt
trois furoncles s'établissent et suppurent : conti-
nuation des mêmes compresses pendant toute la
durée de la cure; sur toute la région occupée par
la ceinture mouillée, mêmes phénomènes qu'au
bras droit. Dès ce moment, la constipation cesse et
les selles deviennent régulières; l'appétit renaît,
les chairs sont plus fermes et les douleurs ont com-

plétement disparu. *Durée* trois mois. *Guérison*. Je reçois à l'instant des nouvelles de ce malade, qui depuis bientôt onze mois a quitté Divonne ; je suis heureux de constater pour compléter cette intéressante observation, que le bien-être ne s'est pas démenti un seul instant et qu'il ne reste aucune trace ni de l'exanthème, ni de l'ulcération, ni des éruptions furonculeuses développées sous l'influence de l'eau froide, dont l'usage a été continué pendant quelques mois encore après la cessation de la cure.

QUATRIÈME SÉRIE.

AFFECTIONS HERPÉTIQUES. — DARTRES.

62. Impétigo, menstruation irrégulière.

Age, vingt-six ans ; *sexe* féminin ; *tempérament* lymphatique. *Traitement*. Étuve sèche suivie d'ablutions à température graduée ; frictions avec le drap mouillé ; bains partiels à 14 degrés ; douche à colonne ; bains de siége de trente minutes à 16 degrés. *Durée*, deux mois et demi. *Guérison*.

63. Herpès esthiomène térébrant.

Age, dix-neuf ans ; *sexe* masculin, *tempérament* lymphatico-nerveux, *siége* envahissant les fosses nasales, le voile du palais, l'arrière-gorge, une partie des sinus frontaux; destruction complète des ailes du nez, du vomer, des cornets et des os propres du nez; constitution scrofuleuse héréditaire. A l'arrivée de ce malade à Divonne, cette cruelle affection faisait des ravages effrayants, après après avoir résisté pendant cinq ans à toutes sortes de médications énergiques, et notamment à l'iodure de potassium administré à trop faible dose il est vrai. *Traitement.* Frictions avec le drap mouillé; ablutions froides, étuve sèche, piscine. Au bout d'un mois de ce traitement, cette énorme ulcération, d'une teinte livide, laissant écouler une sanie infecte, avait changé de couleur, et quelques bourgeons charnus de bonne nature commençaient à paraître; quelques semaines plus tard, le corps entier était couvert de pustules et la cicatrisation marchait à si grands pas que l'occlusion des fosses nasales était imminente; je dus songer à y maintenir à demeure une sonde en gomme élastique. En dernier lieu j'associai au traitement l'emploi de l'iodure de potassium à dose élevée et graduée, dans le seul but de modifier plus rapidement encore l'état constitutionnel du malade. Je terminai par des douches à colonne, une piscine chaque jour, et la guérison était assurée au bout de quatre mois. *Durée*, six mois. *Guérison.*

64. Dartre squammeuse lichénoïde.

Age, trente-huit ans, *sexe* masculin. *Tempéra-ment* lymphatique sanguin; *siége*, les membres su-périeurs dans le sens de l'extension, le cou. *Causes :* gastralgie chronique. Les téguments que recou-vre l'éruption sont légèrement épaissis, rugueux et s'exfolient à la surface. *Traitement.* Frictions avec le drap mouillé; étuve sèche suivie d'ablutions à 14 degrés et accompagnées de compresses humides sur les régions affectées; compresses humides sè-ches en permanence, piscine, douche à colonne. Au bout de deux mois de traitement, plusieurs fu-roncules assez volumineux se développent sur les poignets, sur les épaules et vers les lombes; la desquammation commence, les papules disparais-sent, et un mois plus tard la guérison semble cer-taine. *Durée*, trois mois. *Guérison.*

Depuis sept mois, ce malade a quitté Divonne, et son état de santé persiste.

65. Rétrocession d'un eczéma, conjonctivite palpé-brale et oculaire.

Age, trente et un ans; *sexe* féminin, *tempérament* lymphatique; *siége*, cet eczéma occupait la nuque et une partie de la région cervicale. *Causes :* habitation insalubre. Aussitôt après la disparition spontanée de l'eczéma, une conjonctivite aiguë se manifesta, et résista pendant longtemps aux médications locales les plus énergiques.

. *Traitement.* Étuve sèche suivie d'ablutions tempérées, puis de la piscine; compresses humides sèches sur la nuque; bains de siége dérivatifs. Après la deuxième semaine, la conjonctivite s'améliore d'une manière notable, en même temps qu'une éruption de vésicules très-petites et confluentes apparaît à la région cervicale : le traitement continue avec activité, et au bout d'un mois, l'ophthalmie semblait enrayée.

Biett croit que ce qu'on appelle répercussion n'est ordinairement qu'une révulsion; l'ophthalmie, dans le cas qui nous occupe, n'avait en aucune façon précédé la phlegmasie cutanée, et je me crois autorisé à affirmer que la rétrocession de l'eczéma a produit aussitôt la conjonctivite, et bien mieux que cette dernière, disparaissant à son tour, l'éruption vésiculeuse s'est de nouveau manifestée *au même lieu*, sous l'influence de la cure. Ces rétrocessions eczémateuses sont rares, j'en conviens, mais pour moi le fait que je signale n'est nullement douteux. Cette malade qui, je le crains, s'est laissé éblouir par un très-prompt succès, s'est crue guérie et a quitté Divonne après un mois de traitement; cette heureuse modification s'est soutenue cependant, je le sais, mais il faudra une deuxième cure beaucoup plus longue pour éviter une récidive, car, à mon avis, la guérison, quoique apparente, n'est pas solide.

Durée, un mois. *Amélioration.*

66. Dartre squammeuse humide, arthritis chronique, ankylose incomplète des articulations tibio-fémorales et huméro-cubitales.

Age, trente ans; *sexe* masculin; *tempérament* lymphatique et sanguin; *siége,* l'éruption occupe la face dorsale des deux mains et les deux avant-bras. Elle est caractérisée par des vésicules très-fines, agglomérées, sans aréole inflammatoire, qui chaque jour se rompent et fournissent un suintement plus ou moins abondant : ce dernier s'épanchant sur les parties voisines, les enflamme, les excorie; une nouvelle exhalation séreuse s'établit pour se convertir ensuite par la dessiccation, en larges squammes ou plaques épidermatiques, minces, jaunâtres et irrégulières. Cette affection dont il me serait difficile d'apprécier les causes, était depuis longtemps passée à l'état chronique et faisait le désespoir du malade : elle s'accompagnait en outre d'un prurit insupportable. *Traitement.* Étuve sèche, suivie d'ablutions à 20 degrés d'abord, puis à 18 degrés, à 16 degrés et à 12 degrés, et enfin de la piscine ; quand cet enveloppement sec produisait trop d'excitation, je tempérais son action par l'étuve humide de vingt minutes, suivie

d'une ablution moins froide : comme les sudations
chez ce malade ont été avec intention poussées un
peu loin, je lui faisais boire dans la journée dix-
huit à vingt verres d'eau; bains dérivatifs d'une
durée de vingt-cinq à trente minutes et à 18 degrés; douche à colonne; compresses humides
sèches en permanence. Après quinze jours de traitement, ce malade éprouve un malaise général, de
l'anorexie, de la fièvre, il est abattu, sa langue est
saburrale, ses nuits sont agitées; deux jours après
une éruption furonculeuse se développe rapidement aux poignets, aux cuisses, aux hanches : ces
furoncles au nombre de dix environ, atteignent le
volume d'un gros œuf de poule, et quoique très-
rouges et très-enflammés, ils ne sont directement
traités que par des applications froides, et chose
étrange, ils provoquent chez le malade très-peu de
fièvre, quelque gêne dans les mouvements et peu
de douleurs; ils s'abcèdent rapidement, s'ouvrent
toujours d'eux-mêmes, soit dans le bain, soit en
marchant, et la suppuration abondante qui s'en
écoule offre une complète analogie avec celle des
furoncles ordinaires. Après toutes les phases de ce
premier mouvement centrifuge, les dartres pâlis-
sent, l'exhalation séreuse est beaucoup moins
copieuse, et par son âcreté ne forme plus de nouvelles vésicules. Le malade éprouve alors de la
difficulté à transpirer, tandis qu'auparavant, sa

transpiration au bout d'une heure d'enveloppement
traversait les deux couvertures, le matelas et le lit :
je me borne à lui faire pratiquer deux fois par
jour une ablution tempérée et à lui faire boire dix
verres d'eau dans les vingt-quatre heures, afin de
préparer de nouveaux matériaux à la deuxième
période du traitement ; Bientôt je lui conseille l'é-
tuve humide de vingt minutes et répétée deux et
même trois fois de suite : quand l'équilibre paraît
rétabli, je recommence la sudation ; après une
heure d'enveloppement, la sueur est aussi abondante que dans la première période, et je puis
sans inconvénient continuer cette méthode pendant
quinze jours encore : c'est alors qu'apparaît une
deuxième crise, caractérisée par l'éruption de
vingt-cinq nouveaux furoncles, se succédant de
jour en jour les uns aux autres, et ayant leur siége
au pourtour des articulations ankylosées et des
poignets, dans le dos, aux lombes et aux jambes :
ils offrent les mêmes caractères pathologiques que
les premiers, quelques-uns même sont peut-être
plus volumineux. Après la guérison de ces furoncles, les démangeaisons s'apaisent, l'exhalation séreuse cesse, les squammés deviennent plus sèches,
le siége de l'éruption se rétrécit et la peau envi-
ronnante est lisse, tendue et unie ; puis, comme
cela arrive toujours en pareil cas, elle reprend peu
à peu son état naturel. Ce malade, à mon grand

regret, n'èst resté que deux mois à Divonne ; cependant, je suis convaincu que s'il a la persévérance de soumettre la peau pendant quelques mois encore à l'action de l'eau froide en lavages et en frictions, il n'aura pas à craindre de récidive. *Durée*, deux mois. *Guérison*.

Réflexions. — Plusieurs auteurs critiques qui ont écrit sur l'hydrothérapie, ont semblé douter de la réalité, non-seulement de ce qu'on appelle communément dans les établissements spéciaux la *fièvre de réaction*, mais aussi des phénomènes critiques qui la suivent, ou du moins ils ont laissé entrevoir que les éruptions érythémateuses qui sont si fréquentes, n'étaient que le résultat forcé de l'irritation que devaient produire sur l'enveloppe cutanée les frictions énergiques que l'on pratique plusieurs fois par jour à chaque malade. Je conviens que la peau peut quelquefois par des manœuvres mal dirigées, s'écorcher légèrement, mais l'expérience que j'ai déjà acquise depuis plusieurs années me permet d'affirmer que le développement des érythèmes, des exanthèmes ou des furoncles a une tout autre cause que celle qu'on a voulu si complaisamment lui assigner. En effet, comme on a pu le voir dans l'observation soixante-sixième, ces éruptions critiques de quelque nature qu'elles soient, sont *toujours* précédées de frissons, de malaise, en un mot, d'une concentration après laquelle apparaît l'expansion vers la peau qui est alors accompagnée dans ce mouvement centrifuge, d'éruptions plus ou moins importantes et plus ou moins nombreuses, suivant la nature de l'affection que l'on est appelé à traiter. Je ferai en outre remarquer que, dans le cas qui vient de nous occuper, après *quinze jours* seulement de sudation, pendant lesquels les frictions n'ont été qu'accessoires et par conséquent peu énergiques, j'ai observé tout à coup un véritable état fébrile qui a duré deux jours, avec sentiment de froid et de malaise, inappétence, la langue saburrale, enfin tous les caractères parfaitement distincts d'un véritable embarras gastrique dû à une concentration des forces vitales ; bientôt en vertu des lois physiques que nous avons souvent invoquées à l'appui de la méthode hydrothérapique, cette action subite ou *mouvement centripète* a été suivie d'une réaction en sens inverse ou *mouvement centrifuge* qui, en se manifestant, a non-seulement fait cesser à l'instant les accidents gastriques, mais a entraîné aussi vers la peau tous les *éléments* des excrétions morbides qui depuis longtemps se faisaient à sa surface.

Puisque l'occasion se présente j'éprouve le besoin de communiquer ici à mes confrères, ma pensée sur cette action éliminatrice qui est une des forces curatives de l'hydrothérapie.

Plusieurs systèmes ont depuis longtemps semblé

se disputer l'empire médical; quelques-uns ont
rencontré de nombreux partisans, malgré l'exa-
gération et l'exclusisme dont ils étaient empreints :
ainsi, ceux qui ont cherché dans les altérations
du sang et des liquides la cause de toutes les
maladies, sont tombés dans des erreurs aussi
graves que les solidistes qui professent que toute
maladie naît du dérangement d'action dans les
solides et que toute altération des humeurs est
consécutive à ce dérangement. Les partisans de la
médecine humorale ont certainement été trop loin,
et les solidistes, au delà de la vérité, en disant que
toute altération primitive des liquides était imagi-
naire et que la médecine humorale n'avait aucune
base certaine. Voilà où conduisent toujours les
idées systématiques, à se détruire elles-mêmes par
des prétentions outrées, et par des luttes d'école
qui semblent sans cesse resserrer les limites de la
science. Cependant, ces deux systèmes peuvent
avoir dans leur idée mère quelque chose de rationnel dont un éclectisme prudent saura profiter.
En effet, la physiologie nous démontre de nos
jours que tous les liquides, ou, si l'on veut, les humeurs de l'économie se réduisent, en définitive, à
un seul, le sang, incessamment renouvelé par l'alimentation et formé d'abord dans les organes diges-
tifs à l'état de chyle, ce liquide acquiert par l'hé-
matose ses caractères définitifs, porte dans tous

les organes les éléments de la nutrition, cède à chacun d'eux des sécrétions qui leur sont propres et reçoit dans sa masse les produits de la résorption. Soumis dans son cours rapide et agité au contact de l'air dans le tissu pulmonaire, il élabore et rend semblable à lui-même une partie des substances hétérogènes fournies par la résorption, ou s'en débarrasse par divers émonctoires, lorsqu'il ne peut parvenir à se les assimiler.

Mais ce travail épurateur ne peut se faire d'une manière complète que dans l'état de santé où les forces vitales indispensables à l'accomplissement de ce travail sont dans une parfaite intégrité; or, n'est-il pas rationnel de penser que dans l'état opposé, où la puissance vitale a besoin pour agir d'être plus activement sollicitée, en vertu de la tendance qu'a la maladie de favoriser la concentration ou mouvement centripète, n'est-il pas rationnel, dis-je, de penser que dans cette circonstance le sang chargé de ces produits hétérogènes dus à la résorption, les charrie, les conserve plus ou moins longtemps, jusqu'à ce que la nature médicatrice, trouvant encore en elle-même de nouvelles sources de force et d'énergie, provoque leur élimination en favorisant l'expansibilité ou mouvement centrifuge.

Eh bien, l'hydrothérapie n'a pas d'autre but dans les affections cutanées; elle excite naturellement

7

et sans efforts par des réactions successives cette
force expansive indispensable à la santé et à l'expulsion de tout élément pathogénique, et par cela
même je la considère comme infiniment préférable
aux sudorifiques, aux vomitifs, aux purgatifs, aux
vésicatoires, etc., dont l'emploi dans ce cas peut
rester sans effet ou être suivi de graves inconvénients. Il n'est pas à dire pour cela que l'hydrothérapie agisse seulement comme dépurative, et
qu'elle doive toujours produire la *fièvre de réaction*
et amener à la peau des érythèmes ou des furoncles;
il n'en est rien : cette action, secondaire pour elle,
n'est que la conséquence forcée du développement
de l'expansibilité, dont les effets salutaires sont
aussi frappants quand on veut obtenir du traitement hydrothérapique la tonicité, le calme, la
dérivation, etc. Il y aurait peut-être beaucoup à
dire sur la nature et le principe essentiel de cette
force vitale et médicatrice que les physiologistes
du jour se bornent à constater, sans pouvoir lui
donner une explication satisfaisante; mais quoique cette question soit intimement liée à l'action
de l'eau froide, je m'arrête, me réservant, après
de nouvelles et sérieuses réflexions, de développer à ce sujet ma pensée quand j'aurai livré à la
publicité l'examen physiologique de l'hydrothérapie.

67. Herpès esthiomène serpigineux.

Age, soixante-trois ans; *sexe* féminin; *tempérament*
nerveux et lymphatique. Cet herpès, qui date de
vingt-deux années environ, occupe exclusivement
la peau qui recouvre le nez, et depuis quelque
temps il semble s'approcher de la paupière inférieure gauche. Les antécédents de cette cruelle
affection me sont peu connus, je sais seulement
qu'une éruption dont j'ignore entièrement le caractère a paru aux deux avant-bras dès l'invasion
de la maladie : peu de temps après, l'herpès nasal
se développa; il resta stationnaire, et ne tarda pas
à prendre, dit-on, un aspect plus grave et plus
étendu aussitôt après la disparition de l'éruption,
sous l'influence d'un traitement local qu'on n'a
pu me préciser. Ce qui est certain, c'est que les
médications les plus actives et les plus variées,
locales et générales, ont totalement échoué jusqu'à
ce jour. J'avais espéré, dans cet état de choses,
que l'hydrothérapie pourrait modifier l'état local
en agissant tout à la fois sur l'enveloppe cutanée,
dont les fonctions étaient depuis longtemps abolies,
et que si cet herpès dégénéré était dû à la rétrocession de quelque maladie de la peau, il était rationnel d'employer ce genre de traitement. J'y étais
d'ailleurs vivement encouragé par le succès remarquable obtenu chez le jeune homme qui fait le

sujet de l'observation soixante-troisième, et qui
avait présenté dans le même lieu un herpès esthio-
mène térébrant datant de cinq années environ.
Mais, soit que l'âge de cette malade fût trop
avancé, soit que l'affection fût par sa nature même
rebelle et incurable, soit que trop peu de temps
eût été accordé aux premières tentatives, la malade
a quitté Divonne après deux mois environ de séjour, sans avoir obtenu la plus légère amélioration.
Les violentes douleurs ressenties à la face, et dont
je n'ai pas encore parlé, ont semblé diminuer
pendant quelques jours, mais elles ont repris bientôt leur première intensité.

68. Herpès circinnatus chronique.

Age, vingt-cinq ans; *sexe* féminin; *tempérament* lymphatique; *siége*, plusieurs plaques à la
région interne du bras gauche. Cette affection est
caractérisée par trois ou quatre cercles plus ou
moins rosés couverts de légers débris furfuracés
qui ont succédé à l'éruption vésiculeuse accompagnant la forme aiguë : quelques-unes de ces vésicules apparaissent encore de temps à autre sur le
bord de ces anneaux, la cuisson et la démangeai-
son sont presque continuelles. Cet herpès date de
deux années et sans qu'on puisse lui attribuer une
origine suspecte : il n'a jamais été soigné d'une
manière régulière.

Traitement. Étuve humide, ablutions à température graduée, piscine, bains de siége dérivatifs,
compresse humide sèche en permanence, ceinture
mouillée. Après un mois de ce traitement, déjà
l'herpès a considérablement pâli, et une éruption
eczémateuse se manifeste aux lombes et surtout à
la région recouverte par la ceinture mouillée. Elle
dure quinze jours environ, et au bout de quatre
mois la malade sort entièrement guérie.

CINQUIÈME SÉRIE.

MALADIES DES VOIES RESPIRATOIRES.

---

69. Laryngite et amygdalite chroniques, hypocondrie.

Age, trente-huit ans; *sexe* masculin; *tempérament* nerveux sanguin. Toute l'arrière-gorge est
phlogosée, à un point tel que la voix et l'ouïe
sont fortement compromises; du côté gauche surtout, le malade ne peut percevoir le bruit d'une
montre appliquée directement contre le pavillon
de l'oreille, le timbre de la voix est presque nul, et
cet état de choses durant depuis plusieurs années
a profondément modifié le caractère du malade, et
l'a plongé peu à peu dans de graves accès de tristesse et d'hypocondrie. Il est en outre atteint de
constipation et d'anorexie.

Traitement. Double étuve humide renouvelée deux fois par jour, et suivie d'ablutions à température graduée ; cravate mouillée en permanence et recouverte d'une cravate sèche ; ceinture mouillée, bains de siége dérivatifs, bains de la partie postérieure de la tête, douches en pluie et à colonne, douche rectale. Après deux mois de traitement, toute la partie du cou que recouvre la cravate mouillée est le siége de plaques érythémateuses assez considérables, ainsi que toute la région occupée par la ceinture mouillée. Quelques petits furoncles se montrent à la région temporale et auriculaire, à la nuque. L'ouïe est tellement améliorée que le malade entend le bruit du mouvement de la montre à deux pieds de distance. La constipation a cessé, toutes les fonctions se font avec régularité ; la phlogose de la gorge et du larynx n'est plus aussi prononcée ; le caractère ombrageux du malade a totalement disparu ; il s'est pris d'un tel enthousiasme pour le traitement par l'eau froide, que je suis obligé d'exercer envers lui la plus grande surveillance, car il serait continuellement disposé à dépasser les conseils que je lui donne, et à rester dans le bain ou sous la douche trois ou quatre fois plus de temps que le terme prescrit : comme je l'ai dit, le moral est meilleur ; cependant les accès d'hypocondrie se reproduisent encore, mais à des intervalles plus éloignés. Le malade reste quatre mois à Divonne, et je ne puis le considérer comme guéri : l'état local est satisfaisant, mais le système nerveux cérébral est toujours dans une certaine exaltation qui me fait redouter pour l'avenir des accidents plus graves, qu'il sera peut-être difficile de conjurer.

Durée, quatre mois. *Amélioration.*

70. Laryngo-bronchite chronique.

Age, quarante-sept ans; *sexe* masculin; *tempérament* lymphatique. Ce malade, atteint depuis son jeune âge d'un léger engorgement des glandes thyroïdes, s'est vu plus tard dans la nécessité d'exercer l'organe de la voix. Soit qu'il ait abusé de ce genre de travail, soit que le développement anormal de ces glandes ait, par une compression constante, gêné le libre mouvement du larynx et des bronches, toujours est-il que, vis-à-vis le larynx, au niveau des cartilages thyroïdes, existe une douleur vive et lancinante, que la muqueuse des bronches, depuis longtemps irritée, fournit une expectoration de petites masses globuleuses d'un mucus très-épais, demi-transparent, d'une couleur gris de perle, et accompagnée d'une petite toux sèche, sonore, revenant par accès. La constitution générale est d'ailleurs celle d'un homme vigoureux, et toutes les autres fonctions sont normales.

Traitement. Double étuve humide d'une durée

de vingt à vingt-cinq minutes et renouvelée deux fois par jour, demi-bains, frictions générales, cravate mouillée, ceinture mouillée, douche à colonne. Après avoir fait douze enveloppements humides, le malade se plaint d'une fatigue de tête, de pesanteur et d'agitation pendant son sommeil : je diminue la durée de l'étuve humide, et, l'opération cessant au bout de quinze minutes, cette fatigue et cette pesanteur disparaissent. Pendant le cours de ce traitement, je n'ai constaté aucune éruption cutanée, et cependant au bout de deux mois, la douleur laryngée avait cessé, ainsi que la toux et l'expectoration; ce qui m'explique alors ce profond changement dans l'état du malade, c'est que la peau, qui, à son entrée, était pâle, flasque et inerte, était, à la fin de la cure, ferme, rosée et annonçait un retour de ses fonctions par l'expansibilité que le traitement avait peu à peu développée.

Durée, deux mois. *Guérison*.

71. Catarrhe bronchite chronique.

Age, trente-deux ans; *sexe* féminin; *tempérament* lymphatique sanguin. *Traitement*. Étuve humide, bains de siége dérivatifs, pédiluves froids, douche à colonne sur les jambes et les lombes, ceinture mouillée, frictions froides et énergiques sur la colonne vertébrale. *Durée*, trois mois. *Guérison*.

72. Laryngite chronique.

Age, trente ans; *sexe* masculin; *tempérament* sanguin. Fatigue excessive et prolongée de l'organe de
la voix, transpirations et refroidissements faciles;
peau moite, vultueuse, tendance à l'obésité et à
l'engorgement des viscères abdominaux; constipation.

Traitement. Étuve humide très-courte et renouvelée jusqu'à réfrigération; car dans ce cas, con-
trairement à ce que j'ai avancé plus haut, l'expansibilité était exagérée, et la dilatation des tissus et
des vaisseaux sanguins entretenait évidemment la
maladie. Bains de siége dérivatifs, ceinture et cra-
vates mouillées, renouvelées quinze à vingt fois
par jour, douche à colonne sur les extrémités,
douche en pluie générale, lavements froids. L'arrière-gorge, qui était d'un rouge violacé, conserve
toujours une teinte anormale, mais beaucoup
moins prononcée qu'auparavant; les fonctions digestives se rétablissent peu à peu; la peau n'offre
plus cette chaleur humide de tous les instants,
mais je ne crois pas à une guérison complète, car
le malade n'a pas pu m'accorder un temps assez
long pour obtenir ce résultat.

Durée, cinq semaines. *Amélioration.*

73. Laryngite et amygdalite fort anciennes, aphonie, hypocondrie.

Age, vingt-cinq ans; *sexe* masculin; *tempérament* sanguin nerveux. La profession de ce malade l'a sans cesse obligé de fatiguer outre mesure les voies aériennes; aussi en est-il résulté une laryngite très-aiguë avec un point douloureux fixe au niveau des cartilages cricoïdes et une amygdalite assez prononcée du côté gauche; le timbre de la voix était très-voilé, et le désespoir de ce malade, qui tenait essentiellement à sa profession d'orateur, amena peu à peu de telles surexcitations nerveuses que l'affection se compliqua de troubles vers la région hépatique, et qu'alors il se manifesta de fréquents accès d'hypocondrie, d'autant plus sensibles, que le caractère du malade ordinairement vif, ferme et déterminé, trahissait subitement de la faiblesse, de l'abattement et une grande irrésolution.

Traitement. Double étuve humide, ablutions et piscine, cravate mouillée, ceinture mouillée, frictions, douches en pluie et à colonne, bains de siége dérivatifs, pédiluves froids. Après un mois de traitement, l'amélioration était très-sensible; la douleur laryngée et la phlogose de la gorge avaient presque disparu; le malade était dans le ravissement, lorsque le malaise inévitable et l'exacerbation qui précèdent toujours la fièvre de réaction, survenant quelques jours plus tard, et plongeant de nouveau notre malade dans un de ces accès d'hypocondrie et de découragement auxquels il était facilement enclin, le firent brusquement quitter Divonne sans même me prévenir de sa détermination. Aussi ai-je vivement regretté ce manque de persévérance qui aujourd'hui m'empêche d'enregistrer un succès de plus. Je viens cependant de recevoir indirectement des nouvelles de cet intéressant jeune homme; la crise naissante qui a dû continuer quelque temps après sa *fuite* de Divonne, a précédé, selon mes prévisions, un état meilleur; encouragé par ce succès incomplet, ce malade se propose, me dit-on, de s'abandonner de nouveau aux espérances de guérison que lui a déjà offertes l'hydrothérapie.

Durée, six semaines. *Amélioration.*

74. Asthme nerveux.

Age, quarante-huit ans; *sexe* féminin; *tempérament* nerveux. Cette dame est devenue par hasard une de mes malades; elle était depuis longtemps sujette à des accès d'asthme suffocant qui avaient résisté à toutes les médications auxquelles elle s'était souvent adressée. Elle accompagnait à Divonne une de ses parentes qui y faisait la cure, et légèrement vêtue sous l'influence d'une soirée humide, elle ressentit subitement un de ces violents accès d'asthme, dont la durée était ordinairement de plusieurs nuits et de plusieurs jours consécutifs. La face était grippée, anxieuse, livide, la respiration presque impossible, avec suffocations et convulsions spasmodiques des muscles respirateurs, apyrexie, orthopnée, bouche ouverte ; les bras et les épaules sont portés en arrière, les inspirations et les expirations sont bruyantes, rauques et sifflantes ; la peau est glacée. On m'appelle : j'ordonne aussitôt une vigoureuse friction avec le drap mouillé, jusqu'à ce que l'expansibilité à la peau soit manifestée par un sentiment de chaleur générale. La friction dure un quart d'heure ; au bout de ce temps, la détente est complète ; le pouls qui était petit, serré, se relève ; la respiration est normale, il survient une abondante émission d'urine ; la malade s'habille à la hâte et va, selon mes ordres, faire une promenade d'une demi-heure pour entretenir par le mouvement du corps les courants centrifuges réveillés par la friction.

Malgré sa répugnance pour l'eau froide, et encouragée par ce résultat si rassurant pour elle, elle demande à faire chaque jour deux opérations de ce genre ; bientôt je lui conseille l'étuve humide courte, fréquemment renouvelée, et suivie d'ablutions à 10 degrés. L'accès a été complétement arrêté, et pendant tout le reste de son séjour à Divonne, qui malheureusement pour l'avenir a été trop court, elle n'a pas eu la moindre récidive. Toutefois, pour obtenir une guérison radicale, il faudrait qu'elle pût consacrer à ce traitement au moins deux ou trois mois, et je ne douterais pas du succès.

75. Laryngite chronique.

Age, trente-six ans ; *sexe* masculin ; *tempérament* lymphatique. *Traitement*. Étuve humide deux fois par jour, très-courte et suivie d'ablutions à 12 degrés d'abord, puis de frictions avec le drap mouillé, puis plus tard de la piscine ; demi-bains révulsifs, douches en pluie et à colonne, cravate mouillée, ceinture mouillée, éruption abondante de plaques erythémateuses au cou et à la ceinture. *Durée*, cinq mois. *Guérison*.

76. Bronchite chronique.

Age, quarante-cinq ans ; *sexe* masculin ; *tempérament* nervoso-bilieux. *Traitement*. Étuve sèche modérée suivie d'ablutions à 10 degrés, puis peu à peu étuve humide suivie du grand bain à 8 degrés et de la piscine à 6 degrés et demi centigrades ; plastron mouillé sur la région sternale et renouvelé plusieurs fois par jour ; douches à colonne sur les lombes et les extrémités ; demi-bains. *Durée*, six semaines. *Amélioration*.

77. Laryngite chronique, aphonie presque complète.

Age, 25 ans; *sexe* masculin; *tempérament* lymphatico-sanguin. A l'âge de douze ans ce malade,
qui avait hérité d'une constitution légèrement
scrofuleuse, fut atteint d'une déviation de la colonne vertébrale avec une douleur assez prononcée
au niveau de la région lombaire. Cet état persista
pendant deux ans et disparut à l'aide d'un traitement approprié; quelque temps après, survint une
laryngite avec irritation très-prononcée à l'arrière-
gorge, aux amygdales et à la luette; ces dernières
furent excisées à cause de leur énorme développement; mais l'arrière-gorge resta toujours phlogosée, conservant une teinte d'un rouge violacé. Je ne
crois pas qu'on y ait jamais constaté d'ulcérations.
La gorge était en outre le siége d'une douleur fixe
et assez vive, surtout pendant l'émission de la
voix, dont le timbre était déjà notablement altéré.
Ce malade recherchant l'isolement pour éviter
l'occasion de parler, se livra avec persévérance à
des travaux de cabinet; et cette vie sédentaire,
loin d'améliorer son état, congestionna davantage
les parties voisines de la tête, et ralentit la circulation du système vasculaire abdominal. La douleur du larynx augmenta avec l'afflux sanguin vers
cette région et les veines hémorrhoïdales internes
se développèrent. La voix alors devient beaucoup

plus faible, le système musculaire est flasque, appauvri, ses contractions sont à peine sensibles et la peau est molle, blanche, inerte ; la constipation est continuelle.

L'état général s'améliore après de lointains voyages qui durent plusieurs années, mais les vibrations du larynx sont toujours douloureuses, et la phlogose de l'arrière-gorge ne s'est nullement modifiée. Décidé à mettre un terme à cette pénible affection, contre laquelle les médications de toute nature avaient été vainement dirigées, il se rend à Græffemberg et se place sous les soins de Priessnitz. Au bout de six semaines de traitement, il peut constater une amélioration très-sensible ; les hémorrhoïdes et la constipation ont disparu, mais à l'approche de l'hiver il se détermine à continuer sa cure dans une localité plus agréable et plus tempérée ; il choisit Divonne.

Traitement. Étuve humide jusqu'à la sudation, et suivie d'ablutions froides et de la piscine ; douche en pluie, bains de siége dérivatifs, cravate et ceinture mouillées ; bientôt de larges plaques exanthémateuses, d'un rouge vif, semblables à celles de la scarlatine, apparaissent autour du corps et dessinent parfaitement la place qu'occupait la ceinture ; l'irritation de la gorge et du voile du palais diminue ; les selles sont régulières. Je remplace la douche en pluie par la douche à colonne ; je cou-

seille au malade de fréquents exercices gymnastiques qui donnent chaque jour à ses membres plus
d'élasticité, de force et de souplesse; je suspends
l'étuve humide prolongée et je ne la fais durer désormais que vingt minutes, dans la crainte de le
fatiguer par des sudations trop longtemps répétées;
une légère douleur se fait sentir au larynx, je conseille la cravate mouillée, en conservant toujours
la ceinture; peu de jours après une éruption absolument analogue à celle de l'abdomen et assez considérable, couvre toute la partie antérieure du cou;
la douleur cesse, l'exanthème se développe et s'é-
tend. Le malade se plaint de quelques pesanteurs
de tête; je fais diminuer la durée de l'étuve humide
de cinq minutes; le calme reparaît. Dès ce moment
toute phlogose de l'arrière-gorge a disparu, la voix
a repris son timbre à peu près naturel, et à sa
grande satisfaction le malade, qui a pris un certain
embonpoint, peut déjà chanter sans fatigue et sans
douleur.

Son traitement, qui a duré six mois environ,
n'est pas terminé; son séjour se prolongera à
Divonne pendant quelque temps encore, mais la
guérison radicale est certaine.

SIXIÈME SÉRIE.

MALADIES DU TUBE DIGESTIF.

78. Entérite chronique, dyssenterie, hypocondrie.

Age, trente-cinq ans; *sexe* masculin; *tempérament* lymphatico-nerveux. Ce malade ayant vécu plusieurs années sous les latitudes équatoriales contracta une dyssenterie assez grave qui, de l'état aigu, passa à l'état chronique. Comme il est d'observation que cette maladie se guérit difficilement dans ces climats, les médecins qu'il consulta lui conseillèrent d'émigrer. A son arrivée à Divonne, les selles de nature diarrhéique sont très-fréquentes et accompagnées de ténesme et de douleurs abdominales; l'appétit est nul, le moral frappé de découragement, le système musculaire est considérablement affaibli. Tout le corps est couvert de flanelle.

Traitement. Étuve humide suivie d'ablutions à 16 degrés, puis à 12 degrés; bains de siége à 12 degrés d'une durée de quarante-cinq minutes, puis de soixante minutes; lavements froids; ceinture mouillée. Le malade ressent un peu de fatigue et de malaise au bout d'un mois; je le laisse se reposer quelques jours, pendant lesquels une éruption considérable et de nature furonculeuse

se développe sur tout l'abdomen : cette éruption
ressemble, à s'y méprendre, à celle qui résulte
des frictions avec l'huile de croton tiglium. Aussitôt que cette crise à la peau est en pleine activité, je recommence le traitement auquel je joins
la douche à colonne sur les extrémités inférieures
et supérieures ; j'excite les contractions muscu-
laires au moyen d'exercices gymnastiques, je fais
graduellement enlever les flanelles ; les membres
sont plus forts, mieux musclés et la peau peut
impunément être exposée au contact de l'air et
supporter ses variations. Depuis cette éruption
considérable, les selles sont devenues plus fermes,
plus rares, et pendant deux semaines environ, les
urines excitées chaque jour par l'ingestion de six
à huit verres d'eau, sont fortement colorées, odo-
rantes et sédimenteuses.

Durée, trois mois et demi. *Guérison.*

79. Gastro-hépatite chronique, amaigrissemeut général.

Age, cinquante-cinq ans ; *sexe* masculin ; *tempérament* bilieux. Cette affection est fort ancienne,
et a résisté aux moyens thérapeutiques les plus
variés et les plus énergiques. Je pense même que
pour combattre les accidents bilieux que le tempérament du malade favorisait souvent, on a abusé
des évacuants, et produit une irritation chronique

de la muqueuse gastro-intestinale. En effet, je constate des douleurs vives et profondes dans la région
abdominale correspondant à l'épigastre, au foie et
au colon transverse; les selles sont toujours diarrhéiques, et l'abdomen est souvent distendu par
des gaz; la langue est fendillée dans son milieu,
blanchâtre; l'appétit est assez développé, mais les
digestions sont lentes et laborieuses; les urines sont
fortement colorées et bourbeuses; la peau est
flasque, le moindre mouvement provoque d'abondantes sueurs qui augmentent la faiblesse générale; cette transpiration est visqueuse et d'une
odeur fétide.

Ce malade, qui a le corps couvert de flanelle,
est tellement épuisé, qu'il peut à peine faire une
promenade de quelques minutes sans que les douleurs épigastriques et abdominales se réveillent
avec une certaine énergie. Le visage est amaigri,
anxieux, pâle, et dès le premier examen j'étais
disposé à croire à une lésion organique du pylore
ou du foie, mais une exploration attentive me fit
repousser cette idée.

Traitement. Frictions souvent répétées et faites
avec un drap bien mouillé et peu exprimé; *bains de
siége à* 12 *degrés*, d'une durée de trente minutes,
puis d'une heure, avec frictions continuelles sur
l'abdomen. Au bout de huit jours, le malade peut
faire plusieurs petites promenades dans la journée

sans que la peau soit même en moiteur; il ressent
bien encore quelques douleurs dans le ventre,
mais elles sont plus tolérables. *Étuve humide pendant quinze minutes et suivie d'une ablution froide;
douche en pluie générale;* puis, plus tard, *douche à
colonne.* Peu à peu, la flanelle est mise de côté, la
peau a pris une teinte plus rosée et plus normale,
mais les douleurs abdominales persistent encore ;
ceinture mouillée en permanence. Une légère éruption
érythémateuse se manifeste sous la ceinture, après
vingt jours de son application. Les forces ont notablement augmenté, les selles sont plus rares et
plus moulées, les digestions moins laborieuses;
mais malgré cette amélioration bien marquée dans
l'ensemble, il reste toujours une paresse intestinale
dont un traitement plus long pourrait triompher,
mais le malade éprouve le besoin de prendre du
repos. Je lui conseille de suspendre la cure et de
revenir au commencement du printemps suivant.

Durée, deux mois. *Amélioration.*

80. Gastro-hépatite chronique, état bilieux, cachexie.

Age, cinquante-neuf ans; *sexe* féminin; *tempérament* bilieux. Mêmes causes et mêmes phénomènes pathologiques que dans l'observation précédente, seulement le cas est plus grave. Les
premiers désordres généraux remontent à une
époque beaucoup plus éloignée ; la faiblesse et la

maigreur sont effrayantes, et la peau ictérique
dénote des troubles sérieux dans les fonctions du
foie. *Même traitement.* Il survient de temps en temps
quelques rares et courtes améliorations; mais, en
résumé, malgré la modération des moyens employés, l'affection reste stationnaire et paraît être
entretenue par quelque altération profonde.

Durée, deux mois. *Insuccès.*

81. Gastrite chronique.

Age, quarante-deux ans; *sexe* masculin; *tempérament* lymphatico-nerveux; *causes* : alimentation excitante, céphalalgie une heure après l'ingestion des aliments; digestions pénibles, appétit
nul, altération vive après les repas, quelquefois
vomissements avec douleurs épigastriques; celles-
ci se manifestent sous forme de crampes ou d'élancements plus prononcés vis-à-vis la région sous-
sternale; éructations fréquentes, constipation légère, langue blanche et rouge à la pointe, apyrexie; le pouls est plus élevé pendant la digestion;
la peau est habituellement sèche, chaude, surtout
dans la paume des mains; faiblesse, lassitude
spontanée, hypocondrie.

Traitement. Étuve humide de très-courte durée et
suivie d'ablutions à 12 degrés; cette opération est
renouvelée trois fois par jour; *ceinture mouillée,
bains de siége* d'une heure à 18 degrés, puis d'une

durée moindre et à température plus basse ; *douche rectale* , *douche à colonne.*

Tous ces moyens, successivement employés à mesure que les accidents locaux diminuent de gravité , sont très-bien supportés par le malade qui, pouvant chaque jour apprécier l'augmentation de son bien-être, s'abandonne entièrement à l'hydrothérapie qu'il avait abordée d'abord avec une certaine répugnance. *Durée*, quatre mois. *Guérison.*

82. Entérite chronique.

Age, soixante et dix ans ; *sexe* masculin ; *tempérament* bilieux et nerveux. Ce malade, d'un âge fort avancé, d'une admirable résignation, est plein de confiance dans l'hydrothérapie à laquelle il avoue devoir le rétablissement de sa santé. En effet, plongé dans une profonde cachexie, désespérant les médecins auxquels il s'était adressé, il avait vu sous la vivifiante influence de l'eau froide, ses forces se rétablir, et la diarrhée séreuse la plus rebelle disparaître presque entièrement. Cependant, appelé à voyager souvent et par conséquent à modifier à chaque instant le régime que l'expérience et l'hydrothérapie lui avaient indiqué, il vit peu à peu les premiers accidents de sa maladie le menacer de nouveau. Grand partisan de l'eau froide, il se rendit à Divonne pour mettre un terme à une affection que son grand âge devait

rendre plus sérieuse encore. A son arrivée, il est
d'une maigreur extrême, la langue est saburrale,
les fonctions digestives se dérangent facilement;
aussi doit-il être très-réservé dans le choix de ses
aliments; il ne prend que très-peu de viande rôtie,
des consommés, des légumes féculents; il est ex-
cessivement altéré; la diarrhée est fréquente depuis
quelque temps, l'abdomen est distendu par des
gaz.

*Traitement. Ablutions tempérées ; frictions avec le
drap mouillé.* Cette première application du traitement faite pendant huit jours ne semble pas apporter de modification dans l'état du malade; ce
dernier va consulter son médecin traitant qui, attribuant sans doute cette persistance du désordre
intestinal à la fatigue du voyage entrepris avant la
cure, lui conseille le repos pendant quelques jours
et lui administre quelques médicaments toniques ;
à son retour à Divonne l'altération est moins grande,
la langue moins blanche, mais la diarrhée persiste.
Le même traitement est appliqué et j'y ajoute quelques lavements frais et l'usage pendant le repas de
midi d'un verre de vin de Bordeaux. Ce malade
avait en outre depuis longtemps l'habitude de prendre le matin à déjeuner une tasse de café au lait;
d'après le régime suivi dans mon établissement, je
l'avais complétement supprimé, considérant du
reste ce mélange comme une mauvaise alimenta-

tion, pouvant entretenir l'inertie du canal intestinal ; je dois avouer que malgré mes préventions,
que je crois toujours généralement fondées, l'usage
du café au lait dans ce cas particulier a été mieux
supporté que tout autre aliment et n'a produit aucun fâcheux effet sur le tube digestif.

Bientôt ces accidents suivant une marche décrois-
sante, l'assimilation des aliments ingérés se faisant
avec plus de régularité et les forces de ce malade
augmentant, je lui conseillai la piscine après laquelle l'expansibilité à la peau se fit chaque jour
avec une énergie plus grande qu'on n'aurait pu l'espérer chez un vieillard ; la peau jadis sèche, ridée,
pâle, se couvrait de tons rosés, qu'entretenaient la
marche et l'exercice. Il pouvait déjà faire cinq
lieues à pied, sans éprouver trop de fatigue. Les
selles diarrhéiques cessèrent mais le régime alimentaire dut être observé avec une grande sévérité. Les
chairs devinrent fermes, et la langue, autrefois
blanche et saburrale, prit une teinte naturelle.

Durée, deux mois. *Guérison.*

83. Gastro-hépatite, dyspepsie, hypocondrie très-prononcée.

Age, quarante ans, *sexe* masculin. *Tempérament*
sanguin nerveux ; bonne constitution ; digestions
difficiles ; éructations nauséeuses ; douleurs à l'épigastre et à la région hépatique plus prononcées

après le repas, mais cependant presque continues ; tristesse ; dégoût ; langue saburrale ; soif ; visage anxieux , sombre ; constipation ; frissons ; peau sèche ; pouls petit, concentré, à quatre-vingt-quinze pulsations.

Traitement. *Étuve sèche* , suivie *d'ablutions* à 14 degrés , et bientôt de la *piscine ; bains de siége dérivatifs ; douche à colonne ; lavements frais ; ceinture mouillée.* Cette concentration disparaît bientôt sous l'influence expansive de ces moyens, et je favorise encore cette dernière par beaucoup de distractions et des exercices gymnastiques souvent répétés. Après un mois de traitement la métamorphose est complète.

Durée , six semaines. *Guérison.*

84. Dyspepsie, paresse intestinale.

Age, cinquante-cinq ans ; *sexe* masculin. *Tempérament* nerveux ; digestions lentes et laborieuses ; trois ou quatre heures après le repas et de quelque nature qu'aient été les aliments , il éprouve un sentiment pénible de pesanteur à la région épigastrique avec borborygmes , tympanite, éructations amères et désagréables ; les selles sont plus ou moins régulières , mais dures et douloureuses ; le visage est amaigri, pâle, ainsi que tout le corps en général.

Traitement. Frictions avec le drap mouillé ; demi-

bains de trente minutes à 12 degrés ; lavement
frais ; ceinture mouillée en permanence ; étuve
sèche suivie de la piscine ; douche à colonne.

Ce malade a ressenti de très-bons effets de cette
cure pendant le peu de temps qu'il a pu lui accorder ; il est vivement à regretter qu'il ne soit pas
resté un mois de plus à Divonne.

Durée, six semaines. *Amélioration.*

SEPTIÈME SÉRIE.

MALADIES DES ORGANES GÉNITO-URINAIRES CHEZ L'HOMME.

---

85. Spermatorrhée, névralgie crânienne, hypocondrie.

Age, dix-neuf ans. *Tempérament* lymphatico-
nerveux. *Causes* : abus de la copulation, excès de
fatigue corporelle, jamais d'onanisme. *Symptômes
généraux.* Pollutions nocturnes fréquentes ; sentiment de douloureuse constriction autour du crâne,
de picotements dans les yeux ; pesanteur de tête ;
l'intellect est parfois troublé ; hésitation ; manque
de spontanéité ; inquiétudes puériles ; sommeil
après le repas ; douleur légère et intermittente dans
le trajet de la colonne vertébrale.

Traitement. Frictions avec le drap mouillé. *Bains
de siége toniques* d'une durée de cinq minutes ; quel-

ques pollutions ont lieu pendant les premières
nuits; les bains de siége ne sont pris que le matin,
afin que la surexcitation de quelques heures
qu'ils procurent soit passée avant la nuit. *Étuve
humide* d'une durée de vingt minutes et suivie
d'*ablutions froides* à 8 degrés, et bientôt de la piscine;
douche en pluie dirigée principalement vers les
lombes et les organes génito-urinaires.

Au bout d'un mois tous les accidents que j'ai
mentionnés ont disparu, et le malade trop confiant
dans ce bien-être si prompt se dispose à retourner
à ses travaux habituels qu'il ne peut, dit-il, abandonner plus longtemps.

Durée, un mois. *Amélioration.*

Réflexion. Quoique en apparence la disparition
des symptômes puisse faire croire à une guérison,
je ne puis considérer cette dernière comme radicale,
car l'équilibre des fonctions commençait à s'établir,
et c'est au moment même où il fallait redoubler de
soins et de vigilance que le malade s'est abstenu.
Je ne puis trop le répéter : avant d'entreprendre
une cure hydrothérapique, que le malade se con-
sulte et se demande s'il est bien déterminé à y
sacrifier tout le temps qu'elle exigera, sinon il est
préférable pour lui de ne pas la commencer. En
effet, en n'accordant pas au traitement la durée nécessaire, il perdra non-seulement un temps précieux et fera des sacrifices inutiles, mais l'hydro-

thérapie sur laquelle il aura fondé son espoir sera
désormais à ses yeux injustement dépréciéé.

**86. Irritation et faiblesse des organes génito-urinaires,
hypocondrie.**

Age, vingt-sept ans. *Tempérament* sanguin nerveux ; invasion remontant à plusieurs années.
Causes : abus de la copulation ; l'affection a commencé par une sorte d'impuissance et de relâchement des tissus qui a toujours été en augmentant.
Les pollutions nocturnes sont rares ; le canal de
l'urètre a été cautérisé sans succès ; au contraire,
il semble que cette opération a laissé une irritation
excessive dans les canaux éjaculatoires, irritation
qui se traduit par une douleur fixe vers la région
qu'ils occupent ; le malade n'a jamais été atteint
d'affections syphilitiques.

Pesanteur de tête sans céphalalgie, appétit vorace
et trompeur qui se calme après l'ingestion du plus
léger aliment. Pendant la digestion , gonflement
de la région épigastrique, il s'y joint un sentiment
très-pénible de constriction circulaire ; selles régulières et naturelles ; le plus léger éréthisme du
pénis provoque l'éjaculation d'un fluide abondant,
beaucoup plus aqueux que dans l'état normal et
qu'on rencontre, souvent même , surnageant dans
le vase après l'émission de l'urine ; insomnie ; peau
chaude et halitueuse ; le malade est sans cesse pré-

occupé des moindres symptômes qu'il remarque, aussi éprouve-t-il à chaque instant du jour un profond découragement et une tristesse dont il veut en vain se défendre. Il croit son affection incurable et il aborde le traitement hydrothérapique avec méfiance et incrédulité.

Traitement. Frictions générales avec le drap mouillé ; bains de siége d'abord tempérés à 15 degrés, puis à 6 degrés et demi centigrades ; quelques étuves humides très-courtes, suivies d'ablutions à 13 degrés, puis de la piscine; ceinture mouillée ; douche à colonne sur les extrémités inférieures.

Les réflexions qui terminent l'observation précédente sont tout à fait applicables au malade qui fait le sujet de celle-ci : il n'a pu accorder au traitement que cinq semaines, et il a dû quitter Divonne au moment où l'action de l'eau froide commençait à se manifester. Pour prouver l'excellence, la supériorité du traitement hydrothérapique dans ce genre d'affections, ces deux observations sont malheureusement insuffisantes, mais celles qui vont suivre démontreront, je le pense, à mes confrères, tous les avantages qu'on peut retirer de l'eau froide quand le traitement est continué avec une certaine persévérance.

87. Spermatorrhée, hypocondrie.

Age, quarante-deux ans. *Tempérament* sanguin

nerveux. *Constitution* appauvrie par de très-longues souffrances dont l'origine remonte à plusieurs années. En 1839, ictère très-prononcé ; quelque temps après, uréthrite avec ulcérations au pénis ; ces dernières, traitées avec négligence, semblent d'abord s'amender, puis reparaissent à quatre reprises successives, escortées d'accidents tertiaires à la gorge, au voile du palais et aux amygdales.

Traitement ad hoc, disparition de tous ces symptômes : ce malade qui se préocupe beaucoup de sa santé, s'est vivement affecté de cet état de choses, et il a pendant longtemps conservé la crainte de n'être pas radicalement guéri. Cette occupation de l'esprit qui l'assaille nuit et jour, développe peu à peu une surexcitation du système nerveux qui se traduit, tantôt par du découragement et de la tristesse, tantôt par des névralgies crâniennes et sus-orbitaires, par des spasmes dans les membres ; de là insomnies, pensées plus sombres ; digestions lentes et laborieuses, langue saburrale, aphthes dans la bouche qui éveillent de suite des craintes puériles et mal fondées ; constipation, flatuosités. Peu à peu ces insomnies souvent répétées, et ce défaut de nutrition débilitent le système musculaire, et exaltent d'autant plus l'élément nerveux.

A son arrivée à Divonne, ce malade peut difficilement se livrer au moindre exercice, sans en

éprouver aussitôt une grande fatigue ; sa physionomie est inquiète, on devine à son expression, que
confirment d'ailleurs ses paroles, que sa pensée
est constamment dirigée vers sa maladie ; il est
peu communicatif, il cherche l'isolement, et si on
parvient à entrer avec lui en conversation, il vous
entretient uniquement de ses maux passés et pré-
sents. La gorge conserve encore les traces des
lésions anciennes qui l'ont envahie, sa couleur est
plus rouge que dans l'état normal ; la muqueuse
buccale laisse apercevoir quelques aphthes dissé-
minés. Des douleurs erratiques, n'ayant aucune
analogie avec les douleurs ostéocopes proprement
dites, se fixent tantôt aux épaules, aux lombes,
et plus spécialement de chaque côté de l'épigastre,
dans la direction des uretères, et à l'articulation
métacarpienne du pouce gauche. Les insomnies
et les soubresauts nerveux continuent avec la même
persévérance ; les pollutions nocturnes sont peu
fréquentes, mais elles accompagnent *toujours*, ou
la défécation ou l'émission de l'urine pendant
laquelle le malade ressent de légers picotements.
Le fluide spermatique est aqueux, sans consistance,
et son abondance ne permet pas de le confondre
avec la liqueur prostatique. L'éréthisme du pénis
est rare, presque impossible, et l'extrémité de cet
organe, ainsi que l'épanouissement de la muqueuse
uréthrale, ont conservé une nuance légèrement

violacée. Les selles sont dures, chargées de muco-
sités filantes et quelquefois de fausses membranes
d'une couleur grise ou blanchâtre; la peau est
sèche et molle.

*Traitement; frictions avec le drap mouillé; bains
de siége toniques; étuve sèche* suivie d'une *ablution*
froide; *lavements* froids; *ceinture* et *cravate* mouillées; huit *verres* d'eau à boire dans l'intervalle des
repas. Bientôt la gorge prend une teinte déjà plus
naturelle, les aphthes disparaissent, les pollutions
sont moins fréquentes et d'une consistance plus
normale; le malade ne ressent plus ses douleurs;
cette prompte amélioration l'étonne et réveille en
lui une èspérance qu'il croyait à jamais détruite.
Après cinq mois de traitement traversés par quelques oscillations dans la santé générale, tous les
symptômes principaux et secondaires de cette
affection ne laissent aucune trace, et des exercices
gymnastiques répétés chaque jour rendent au
système musculaire sa force et sa souplesse.

Durée, cinq mois. *Guérison.*

88. Cystite catharrhale.

Age, soixante-cinq ans; *tempérament* nerveux
et bilieux. *Causes*, équitation prolongée. Cette
affection a débuté d'une manière sourde et inaper-
çue; pesanteur hypogastrique; envies fréquentes
d'uriner; sédiment muqueux et semblable à du

blanc d'œuf; peu de réaction fébrile; pâleur; amaigrissement.

Traitement. Étuve humide suivie d'ablutions à température graduée; ceinture hypogastrique mouillée en permanence; bains de siége à 15 degrés d'une durée de cinquante à soixante minutes et répétés deux fois par jour. Dans la dernière période du traitement : douche à colonne sur les extrémités inférieures, et douche en pluie latérale.

Durée, trois mois. *Guérison.*

89. Spermatorrhée.

Age, vingt ans; *tempérament* nerveux. *Causes:* excès de boissons alcooliques; abus du thé; intelligence affaiblie; digestions lentes et difficiles; appétit dévorant; amaigrissement, pâleur; pollutions nocturnes sans rêves, sans éréthisme et sans aucune sensation particulière; elles ont lieu pendant le jour, après chaque émission d'urine, et quelquefois pendant la défécation; constipation légère. La liqueur spermatique aqueuse, sans consistance, est ordinairement expulsée sans que le malade en ait la conscience; hypocondrie; peau sèche et chaude.

Traitement. Étuve humide renouvelée plusieurs fois de suite, et terminée par une ablution à 8 degrés, bains de siége toniques; ceinture mouil-

lée; lavements froids; douches en pluie et à colonne.

Durée, quatre mois. *Guérison.*

90. Spermatorrhée.

Age, vingt-cinq ans; *tempérament* lymphatico-
nerveux; onanisme longtemps pratiqué; symptômes analogues à l'observation précédente. *Traitement ut supra. Durée*, deux mois. *Guérison.*

91. Spermatorrhée.

Age, trente ans; *tempérament* lymphatico-sanguin; onanisme pratiqué dès l'âge de dix-sept ans;
plusieurs uréthrites de vingt à vingt-cinq ans.
Depuis deux ans, pollutions nocturnes suivies, au
réveil, de faiblesse, d'engourdissement des facultés
intellectuelles, et d'abattement général; physionomie inquiète; mélancolie.

Traitement ut supra. Durée, six semaines. *Guérison.*

92. Spermatorrhée.

Age, vingt-quatre ans; *tempérament* sanguin;
onanisme, et plus tard excès vénériens; altération
assez profonde de l'intelligence; insomnies presque
continuelles, perte de mémoire; indifférence pour
l'application des moyens hydriatriques. Pollutions
nocturnes et diurnes.

Traitement ut supra. Durée, deux mois. *Amélioration*.

93. Spermatorrhée, cachexie.

Age, vingt-sept ans ; *tempérament* nerveux. Ce malade qui est venu cette année à Divonne pour y consolider le bien-être qu'une première cure avait produit, a suivi avec une extrême ponctualité le traitement spécialement tonique que je lui ai conseillé. Après deux mois consacrés à cette deuxième cure, les fonctions digestives si profondément altérées se font avec une régularité parfaite, les forces physiques augmentent chaque jour, et les travaux sérieux qui avaient été forcément interrompus, sont repris par le malade avec une énergie qu'il croyait ne plus retrouver.

HUITIÈME SÉRIE.

MALADIES DES ORGANES GÉNITO-URINAIRES CHEZ LA FEMME.

---

94. Aménorrhée, constipation opiniâtre.

Age, dix-huit ans ; *tempérament* sanguin. Cette affection, dont l'invasion remonte à deux années, est accompagnée d'une constipation extraordinaire, qui ne date que de dix-huit mois. La menstruation qui s'établit à l'âge de quatorze ans suivit réguliè-

rement son cours pendant la première année; puis
après s'être interrompue pendant quelques mois,
elle se régularisa de nouveau jusqu'à l'âge de seize
ans. A cette époque, la malade ressentit des douleurs à la région épigastrique, de violentes céphalalgies, un froid continuel aux extrémités inférieures; puis, sans autre cause appréciable, la
menstruation fut brusquement suspendue; six
mois plus tard, les fonctions digestives qui, jusqu'à
ce moment, n'avaient été nullement troublées,
s'altérèrent; l'appétit devint nul, et une constipation, remarquable par son opiniâtreté, vint com-
pliquer cet état anormal.

On pourrait peut-être expliquer l'apparition de
ces symptômes par une prédisposition héréditaire;
en effet, la mère de cette jeune fille est aujour-
d'hui atteinte d'une maladie dont l'invasion remonte à douze ou treize ans, et depuis six années
environ la moelle épinière est le siége d'une lésion
grave, avec paraplégie incomplète, c'est-à-dire
que la sensibilité et la chaleur des extrémités inférieures ne sont pas entièrement abolies, mais que
la locomotion est impossible. Elle est, en outre,
affectée, comme sa fille, d'une constipation aussi
rebelle. Son père, à son tour, est atteint d'un rhumatisme goutteux invétéré, avec difformité des
articulations, et se liant à un engorgement hépatique.

État de la malade à son entrée. — La constipation est telle, chez cette jeune malade, que depuis dix mois elle n'a pu avoir une *selle naturelle.* Cette fonction a dû toujours être sollicitée par des purgatifs ou par d'autres moyens artificiels.

Les extrémités sont froides; la tête est brûlante; la face est fortement colorée, quelquefois bleuâtre et vergétée; les yeux sont injectés et les narines rouges et tuméfiées sont couvertes de croûtes; la lèvre supérieure est légèrement gonflée et proéminente; la langue a une teinte naturelle; l'appétit est médiocre; le sommeil est assez calme; elle éprouve quelquefois des palpitations; l'abdomen n'est pas douloureux à la pression, il n'est dur et tendu qu'au moment où l'accumulation des matières indique la nécessité d'user d'un purgatif ou de tout autre moyen d'évacuation; la sécrétion urinaire est presque nulle depuis longtemps; il n'existe pas de leucorrhée; la peau ne fonctionne pas.

Traitement. Frictions avec le drap mouillé; bains de siége à 15 degrés; quatre petits lavements froids dans la journée; étuve sèche suivie d'ablutions et de la piscine; douche en gerbe ascendante; frictions froides sur les jambes; pédiluves froids; douche rectale; douche à colonne; ceinture mouillée.

Après vingt-deux jours de traitement, la malade

a une selle naturelle, dure, peu copieuse, mais due exclusivement aux seuls efforts de la nature : *c'est la première depuis dix-huit mois.* Pendant cette première partie de la cure, le régime végétal a seul été suivi; elle boit environ douze verres d'eau dans l'intervalle des repas. A partir de cette époque, la circulation générale paraît déjà mieux harmonisée; les réactions sont plus complètes, et le froid aux pieds a presque disparu. Après chaque pédiluve froid, notre malade se promène, en ayant soin de conserver ses pieds nus dans ses souliers.

Cette selle naturelle n'a pas été immédiatement suivie d'autres selles semblables, mais, après chaque douche rectale, elle rend tous les jours une assez grande quantité de matières dures et desséchées. Après avoir excité les fonctions de la peau et équilibré la circulation générale au moyen de l'étuve sèche, j'emploie désormais l'étuve humide; quinze jours après la première selle naturelle, je suspends la douche rectale, afin de mieux apprécier le progrès obtenu. Elle reste trois jours sans aller à la garde-robe, et le quatrième jour, il survient spontanément une évacuation très-abondante. Une épreuve semblable est faite de nouveau quinze jours plus tard, et deux jours seulement après la suspension de la douche rectale, une selle naturelle vient encore nous annoncer une plus grande amélioration.

J'insiste à cette époque sur la douche en pluie ascendante, les bains de siége à courant continu, et au bout de quelques jours *les règles paraissent après deux ans d'interruption.*

A partir de ce moment, la menstruation s'est montrée d'une manière régulière; mais les fonctions abdominales ne se sont pas améliorées davantage. La face est toujours un peu colorée; mais le teint est naturel, la tuméfaction des narines et de la lèvre supérieure a disparu; l'appétit est bon, et il n'existe plus de céphalalgie.

Cette malade est restée cinq mois à Divonne, et j'aurais désiré qu'elle fît une deuxième cure pour achever la guérison d'une maladie qui, abandonnée à elle-même, n'eût pas manqué d'avoir les plus funestes conséquences.

Durée, cinq mois. *Amélioration.*

95. Engorgement du col avec ulcérations.

Age, cinquante-huit ans ; *tempérament* lymphatique nerveux. Cette malade n'est plus réglée depuis trois ans ; la menstruation était suspendue depuis une année, lorsque tout à coup elle ressentit pendant la nuit de fréquentes envies d'uriner, accompagnées d'une véritable métrorrhagie avec douleur et pesanteur dans l'hypogastre et les lombes, pâleur de la face, refroidissement des extrémités ; ténesme et constipation. Une application de sangsues arrête ces accidents ; un an plus tard, elle éprouve de nouveau une pesanteur extraordinaire vers la région inguinale, avec difficulté de marcher ; une deuxième application de sangsues est ordonnée. Depuis ce moment, elle a le sentiment de la pression que l'utérus exerce, mais elle n'y attache pas une grande importance ; ce n'est que quelques mois plus tard, après une marche forcée, une grande fatigue et de vives inquiétudes morales, que la douleur est plus prononcée, et qu'elle se décide à se soumettre à l'examen local. On constate un engorgement du col de l'utérus, avec plusieurs ulcérations de forme elliptique situées du côté droit du col. Elle éprouve au périnée du même côté une sensation analogue à celle d'un fer chaud. Trente cautérisations environ furent pratiquées, et amenèrent une cicatrisation momentanée, car bientôt le même accident se renouvela.

Il est utile de faire remarquer qu'à l'âge de trente-six ans, après avoir pris un bain froid dans des conditions défavorables, c'est-à-dire ayant le corps dans une transpiration causée par une course rapide, elle ressentit aussi de constantes envies d'uriner, et que la marche devint impossible pendant quelques jours. Depuis un mois, il est survenu des boutons hémorrhoïdaux externes et non fluents.

État de la malade à son entrée. — Crampes d'estomac, dyspepsie, appétit bizarre et capricieux, plusieurs selles bilieuses dans la journée, sensation de chaleur pendant l'émission de l'urine, pouls normal, pesanteur aux régions iliaque et hypogastrique, difficulté de se lever et de marcher, céphalalgie nerveuse, peau blanche et inerte ; quelques symptômes généraux et de nature hystérique apparaissent de temps en temps, constriction vers le cou, tristesse, pleurs ; les narcotiques mis quelquefois en usage ont toujours produit un effet excitant. La lésion locale examinée au speculum fait découvrir une seule ulcération avec engorgement du col : on retrouve les traces des anciennes ulcérations cicatrisées.

Traitement. Frictions avec le drap mouillé. Bains de siége à 16 degrés, d'une durée de vingt-cinq minutes, ceinture mouillée, injections vaginales froides ; quelques jours après, étuve humide suivie d'une ablution à 14 degrés, et bientôt du *grand bain* ; les réactions se font à merveille ; après huit jours de traitement il y a moins de pesanteur et la marche est beaucoup plus facile ; lavements froids, bains de siége à 14 degrés, à 12, puis à courant continu, douches vaginales, douche en pluie sur l'hypogastre et les lombes. A cette époque surviennent quelques phénomènes hystériques auxquels succède un état fébrile assez intense. Deux jours plus tard, la fièvre de réaction a cessé et l'inspection du col laisse déjà découvrir la dernière ulcération complétement cicatrisée. Les digestions sont parfaites, et après cinq semaines de traitement, la guérison paraît assurée. Il est cependant à regretter que cette malade n'ait pas pu accorder à la cure un temps plus long; sans qu'il y ait eu apparence de récidive, cette dernière n'en est pas moins à craindre.

Durée, cinq semaines. *Guérison*.

96. Engorgement du corps de l'utérus avec relâchement.

Age, trente-huit ans ; *tempérament* lymphaticonerveux. Affection fort ancienne, compliquée d'accidents hystériques très-prononcés, et d'un écoulement sanieux et fétide, qui, au premier abord, laisse supposer une altération organique. La menstruation est régulière, mais très-abondante, elle constitue quelquefois de véritables hémorrhagies ; sa durée est ordinairement de huit à dix jours, et les souffrances les plus cruelles existent surtout au moment où elle cesse ; ces douleurs consistent dans une pesanteur fatigante de l'utérus, sur le périnée, dans des élancements vers le trajet de la moelle épinière, et principalement entre les deux épaules ; dans une céphalalgie très-intense qui comprime le front et les tempes, et dans une sensation de froid qui se déplace à chaque instant. La marche est presque impossible en ce moment; elle éprouve aussi de la tristesse et de la mélancolie; constipation habituelle, flatuosités, les urines s'écoulent avec peine et sont sédimenteuses, sueur visqueuse dans la paume des mains, irritabilité nerveuse.

Un fait digne de remarque, c'est que, lorsqu'elle éprouve par hasard de la joie, du plaisir, toute douleur cesse, et la marche est plus facile; le visage est habituellement frais et coloré, la peau est chaude et sèche, anorexie.

L'examen local pratiqué au moyen du speculum, laisse voir le col parfaitement sain, mais un peu bas; le museau de tanche est légèrement entr'ouvert, et l'écoulement dont la couleur varie du blanc au jaune, s'échappe avec assez d'abondance; son odeur est quelquefois fétide, mais le toucher anal et la palpation hypogastrique font découvrir un développement anormal du corps de l'utérus avec pression sur le rectum. Quoique tous ces signes pathognomoniques ne permettent pas de conclure d'une manière positive qu'il existe une altération organique de l'utérus, il n'en est pas moins vrai qu'on voit souvent ces terribles affections débuter ainsi, sans présenter de plus graves symptômes, et que les douleurs et les signes caractéristiques se montrent lorsqu'il est trop tard pour agir efficacement. Dans cette prévision, j'aborde le traitement avec modération et je le surveille avec une extrême sollicitude.

Traitement. Étuve humide très-courte et répétée trois fois de suite, ablutions à 14 degrés, lavements à 16 degrés, bains de siége à 18 degrés, et d'une durée de trente à trente-cinq minutes, ceinture mouillée, injections vaginales à 16 degrés. Plus tard j'abaisse la température de l'eau, et je dirige, vers le bassin, la douche en pluie latérale. Après quelques semaines de ce traitement, la malade est pleine d'espérance, car ses forces ont augmenté et elle peut faire une promenade déjà assez longue; les selles sont régulières et naturelles, l'écoulement utérin a notablement diminué, les époques ont paru selon l'habitude après trois semaines d'intervalle, elles ont duré sept jours; mais les douleurs signalées plus haut ont reparu avec moins d'intensité, la marche seulement a été difficile pendant le dernier jour de la menstruation.

Le moral est plus gai, l'appétit est modéré, les symptômes hystériques n'existent plus. Après trois mois de traitement, je constate que le relâchement a presque entièrement cessé; mais le corps de l'utérus est toujours à peu près dans le même état; l'écoulement est presque nul, et toutes les autres fonctions se font avec une parfaite régularité. Comme l'application du traitement n'avait produit que de bons résultats, quoique incomplets, j'aurais voulu pouvoir donner à la cure une durée plus longue sans y apporter d'interruptions; mais la malade, que certaines circonstances impérieuses obligeaient de partir, m'a donné la promesse de revenir faire une deuxième cure au printemps prochain.

Durée, trois mois. *Amélioration*.

97. Engorgement du corps de l'utérus, avec antéversion; ménorrhagie, anémie complète.

Mme ..., âgée de quarante-deux ans, d'un tempérament éminemment lymphatique, entre à l'établissement de Divonne le 6 mars 1851. Après avoir joui d'abord d'une parfaite santé, elle se marie à l'âge de vingt-six ans; un an plus tard, elle eut une fausse couche qui put être considérée comme le point de départ du dérangement général de sa santé; en effet, depuis ce moment, l'utérus a été le siége de fréquentes congestions, combattues par le repos et les saignées révulsives, d'après la méthode de Lisfranc. Le mouvement fluxionnaire répété, dont la matrice était le siége, a déterminé dans cet organe un état d'engorgement occupant exclusivement le corps. En vue de s'opposer à cet état pathologique, son médecin traitant, établit un cautère à chaque cuisse.

Depuis ce moment Mme .... est devenue deux fois

enceinte; elle accoucha heureusement, mais elle
ne jouissait plus d'une bonne santé; il y avait chez
elle des alternatives de bien-être relatif : tantôt une
menstruation tellement abondante que, dans le
mois, elle ne laissait que cinq ou six jours d'intervalle, et tantôt suspension des règles pendant
deux et même trois mois.

En 1850, après un séjour prolongé au lit, et
des pertes qui, par leur odeur infecte, auraient
pu faire admettre quelque altération de mauvais
caractère, son médecin eut l'idée de faire usage
de l'eau froide, soit en frictions ou injections; elle
en retira de suite d'assez bons effets sous le rapport de la santé générale; mais l'état local resta le
même. Les moyens hydriatiques n'ayant pas été
appliqués d'une manière continuelle et graduée,
la malade retomba bientôt dans le même état de
faiblesse qu'auparavant, et, séduit par cette amélioration passagère, ou peut-être en désespoir de
cause, on se décida à me l'envoyer à Divonne,
malgré les grandes difficultés que présentait ce
transport; on y parvint heureusement sans accident, en marchant avec lenteur et en la tenant
couchée sur un matelas placé dans l'intérieur de
la voiture.

État général de la malade à son entrée. — Depuis
huit mois elle garde le lit, la station assise ou verticale est absolument impossible; maigreur et pâleur

extrêmes; bruit de souffle très-prononcé aux caroti-
des, quelques palpitations; aucun aliment ne peut
être supporté, c'est à peine si elle digère quatre ou
cinq cuillerées de bouillon dans la journée; tous
les tissus sont flasques et décolorés, la langue
est blanche, soif fréquente; pouls faible, petit
et fréquent; constipation opiniâtre depuis plusieurs années; urines tantôt très-claires, tantôt
fortement colorées avec un sédiment d'un blanc
grisâtre; peau chaude, très-sèche et rappelant, par
sa couleur, les tons mats de la cire; la faiblesse
est si grande, que la malade a de la peine à répondre quand on l'interroge; l'œil est éteint, le
moindre mouvement, la plus légère secousse ou
une porte qui se ferme avec bruit, la font tomber
en syncope; elle est toujours triste et mélancolique; elle a de fréquentes envies d'uriner, des
tiraillements aux lombes et dans les aines; douleur
à l'hypogastre, s'étendant aux cuisses; sentiment de
pesanteur au fondement; l'écoulement ménorrhagique, qui avait duré un mois sans interruption,
est suspendu depuis six jours.

État local. Après avoir fait uriner la malade et
vider l'intestin, je constate l'inclinaison de la matrice en avant, avec une légère obliquité latérale
droite, par l'introduction de l'indicateur dans le
vagin et la palpation hypogastrique; je reconnais,
en outre, un développement considérable de l'ute-

rus qui s'appuie en avant sur le fond de la vessie ;
au toucher anal, je sens le col, dirigé en arrière,
qui presse sur le rectum ; aidé du speculum, je
trouve le vagin et le col parfaitement sains, le museau de tanche entr'ouvert et rempli d'une matière muco-purulente visqueuse, d'un blanc jau-
nâtre qui a de la peine à s'écouler.

Tous ces signes physiques et physiologiques ré-
unis ne me laissent aucun doute sur la nature de
l'affection et sur ses complications, et les difficultés que la faiblesse excessive de la malade avait ap-
portées à l'exploration locale se présentent encore
plus grandes pour l'application du traitement hydriatique ; car, comme je l'ai déjà dit, le moindre
mouvement provoque une syncope ; je ne me dé-
courage pas, je débute, la malade étendue sur une
grande toile cirée placée sur son lit, par des frictions générales à l'aide de serviettes trempées dans
de l'eau à 18 degrés centigrades répétées trois fois
par jour. Au bout de quarante-huit heures, la malade semble déjà ranimée ; elle a une selle naturelle,
dure et assez copieuse ; elle peut s'asseoir sur son
lit pendant quelques instants ; je la fais envelopper
dans un grand drap mouillé à 16 degrés et recou-
vert de deux couvertures de laine ; après le premier
frisson, une douce chaleur paraît et augmente
bientôt. Elle reste ainsi trente minutes ; je la fais
découvrir et replacer dans un autre maillot hu-

mide, disposé d'avance sur un lit voisin ; elle y
reste vingt minutes. On la découvre de nouveau,
la chambre se remplit de la vapeur condensée qui
s'élève du drap ; je la fais frictionner vigoureuse-
ment avec un drap mouillé à 15 degrés pendant au
moins dix minutes, puis on la remet dans son lit.
La réaction se maintient, la peau est rosée, d'une
fraîcheur agréable, le pouls est relevé et déjà moins
fréquent. Depuis longtemps la malade ne s'est trou-
vée dans un tel état de bien-être ; au bout de deux
semaines, cette opération renouvelée deux fois par
jour, permet à Mme de se lever et de faire sans douleur quelques pas dans sa chambre. Je recommence
alors la douche vaginale à 12 degrés, puis plus tard
à 8 degrés ; la grande douche en pluie latérale et dirigée sur le pourtour du bassin ; la douche à colonne,
les bains de siége d'abord tempérés, puis à courant continu, c'est-à-dire à 6 degrés et demi centigrades. Les douches rectales, la ceinture mouillée en
permanence et renouvelée autant de fois qu'il est
nécessaire, et de l'eau froide pour seule boisson.

Cinq semaines après son entrée à Divonne, les
règles paraissent, le sang est pauvre et décoloré ;
pendant les *quatre* premiers jours, la malade pouvant soutenir la réaction par la marche, je lui fais
faire avec le drap mouillé une friction qui est très-
bien supportée ; le *cinquième jour*, après l'évolu-
tion normale des règles, m'apercevant que l'écoule-

10

ment ne tend pas à diminuer et que déjà la pâleur
et tous les phénomènes de l'hémorrhagie apparaissent, j'applique en permanence sur l'hypogastre des compresses mouillées d'abord à 18 degrés, puis graduellement à 12 degrés, et je conseille le repos sur une chaise longue, en ne cou-
vrant que la partie inférieure du corps; je facilite
par le toucher la sortie de quelques caillots, et le
huitième jour, à partir de l'apparition des règles,
tout est arrêté et le traitement général recommence.

La constipation a cessé ainsi que les fréquentes
envies d'uriner, ce qui peut permettre de supposer
que le déplacement de l'utérus est moins considérable; l'appétit a reparu, la malade est gaie, pleine
de courage et d'espoir en voyant ses forces augmenter chaque jour; elle peut, en effet, faire déjà
de longues promenades à pied. Une course en voiture, faite sans mon avis, rappelle pour quelques
heures des douleurs et des pesanteurs au fondement; c'est une leçon. Les fonctions de la peau,
depuis si longtemps abolies, se faisant mieux, je
suspends les enveloppements dans le drap mouillé,
et je les remplace, le matin, par la douche en pluie
générale, le demi-bain à courant continu à midi,
et le soir, la douche à colonne dirigée surtout vers
les lombes et l'hypogastre; les douches rectales et
vaginales se continuent.

Après un intervalle de trente-deux jours, pendant

lequel la malade remarqua de fréquentes pertes leucorrhéiques, les règles surviennent; le cinquième jour après leur apparition, elles semblent déjà diminuer; je renouvelle, comme le mois précédent, les applications froides hypogastriques, et le sixième jour l'écoulement est suspendu sans causer le moindre malaise.

Après quatre mois de traitement, j'applique le speculum : le museau de tanche est moins entr'ouvert, l'écoulement purulent a disparu, l'excrétion urinaire, très-limpide, se fait sans gêne et sans douleur; les selles sont naturelles et régulières; à l'exploration anale, j'ai de la peine à sentir le col qui auparavant pressait sur le rectum; et l'utérus moins volumineux paraît être dans un état normal. Les forces acquises sont telles que la veille de son départ, la malade gravit à pied une des plus hautes montagnes du Jura, et en descend le même jour sans avoir ressenti trop de fatigue. Les règles ont reparu le troisième mois d'une manière régulière et n'ont duré que *quatre jours*, sans qu'il soit besoin de recourir à la réfrigération; le sang est coloré, les chairs sont fermes, et la guérison paraît tellement assurée que depuis un an bientôt Mme.,. a quitté Divonne, et qu'aujourd'hui elle est en parfaite santé, pouvant, sans inconvénient, faire de longues courses en voiture.

Je ferai remarquer que, contre mon habitude,

pendant l'évacuation menstruelle, j'ai cru devoir, chez cette malade, continuer une partie du traitement, et même chercher d'enrayer l'écoulement : *la friction avec le drap mouillé* pendant les quatre premiers jours avait pour but de maintenir les forces déjà acquises, et *la réfrigération graduelle* sur l'hypogastre, celui d'éviter une perte débilitante et tous les accidents consécutifs d'une véritable hémorrhagie. C'est d'ailleurs le moyen que j'emploie dans tous les cas *seulement* où l'évacuation des règles, trop abondantes, devient une cause de faiblesse et d'appauvrissement, c'est-à-dire que, lorsque pendant les trois ou quatre premiers jours, j'estime que la quantité de sang évacuée est en rapport avec la constitution plus ou moins riche du sujet, je n'hésite pas le jour suivant à rompre, au moyen des compresses froides et à température graduée, avec un état de choses d'autant plus fâcheux, qu'il semble ordinairement trouver en lui des conditions d'habitude et de durée. Par ce moyen bien simple, il est rare que je n'obtienne pas peu à peu une plus grande régularité dans cette fonction si importante, et le succès que j'ai presque constamment obtenu jusqu'à ce jour, m'a démontré dans une foule de cas l'innocuité et l'importance de cette méthode au point de vue thérapeutique.

98. **Engorgement du corps et du col de l'utérus, abaissement.**

Age, trente-huit ans ; *tempérament* lymphatico-nerveux. État hypertrophique de la moitié postérieure du corps de l'utérus avec abaissement assez prononcé ; douleur hypogastrique. *Traitement ut supra. Durée*, deux mois. *Amélioration.*

99. **Menstruation irrégulière et insuffisante.**

Age, dix-huit ans ; *tempérament* sanguin nerveux ; face injectée ; extrémités froides.
Traitement. Étuve humide suivie de lotions ; frictions énergiques sur les jambes ; bains de siège dérivatifs ; douche à colonne ; pédiluves froids ; exercices du corps. *Durée*, trois mois. *Guérison.*

100. **Engorgement du corps de l'utérus, abaissement et rétroversion.**

Age, trente-sept ans ; *tempérament* lymphatique et nerveux ; gastralgie sympathique ; leucorrhée habituelle ; hystérie. *Traitement* (voy. au n° 97). *Durée*, deux mois. *Amélioration.*

101. **Menstruation irrégulière, ménorrhagie, anémie.**

Age, vingt-cinq ans ; *tempérament* lymphatique.
Traitement. Frictions avec le drap mouillé ; *ablutions froides ; compresses réfrigérantes* sur l'hypogastre ; douche en pluie ; piscine.
Durée, trois mois. *Guérison.*

102. Engorgement du corps et du col de l'utérus, abaissement, hystérie.

Age, vingt-huit ans ; *tempérament* nerveux. *État local* : le col se présente près de la vulve, mou, allongé, l'orifice entr'ouvert ; le corps de l'utérus est tuméfié. *Symptômes* : la marche et la station réveillent de violentes douleurs utérines et hypogastriques, s'accompagnant de crises de nature hystérique qui durent souvent plusieurs heures ; constipation ; émission de l'urine avec sensation de chaleur pénible ; menstruation régulière.

Traitement. *Étuve humide* d'une durée de quinze minutes et suivie de lotions à 15 degrés ; *douches vaginales ; douche en pluie* circulaire ; *bains de siége* toniques ; *piscine* ; lavements froids.

Durée, trois mois. *Guérison*.

103. Engorgement du col utérin, abaissement, ménorrhagie.

Age, trente-deux ans ; *tempérament* sanguin nerveux. En 1849 cette malade fut atteinte d'une métrite aiguë pour le traitement de laquelle elle garda le lit pendant deux mois. Après un intervalle de cinq mois de bien-être elle ressentit peu à peu des douleurs de reins, la marche devint impossible, et toute tentative à cet égard éveillait aussitôt de vives douleurs hypogastriques, accompagnées de pertes sanguines utérines peu abondantes mais de longue durée : les époques ont toujours été régulières. L'an dernier une légère amélioration est survenue à la suite de quelques bains froids et injections ; mais ces opérations n'ayant pas été méthodiquement et régulièrement faites, la malade retomba bientôt dans le même état qu'auparavant.

Examen local : aucun engorgement abdominal ; prolapsus assez prononcé de la paroi postérieure du vagin ; l'utérus est abaissé de quatre centimètres environ ; il est mobile sur le doigt et d'une pesanteur normale ; le col est légèrement hypertrophié avec de la dureté dans la lèvre antérieure, mais sans bosselures ; la couleur et l'aspect de toutes ces parties sont irréprochables.

Traitement. Étuve humide d'une courte durée et suivie de lotions à 12 degrés, puis de la piscine ; douches vaginales ; bains de siége toniques ; ceinture mouillée ; douche en pluie et à colonne circulaires.

Durée, trois mois. *Amélioration considérable.*

104. Menstruation irrégulière, anémie chlorotique.

Age, vingt-neuf ans ; *tempérament* nerveux ; faiblesse excessive ; pâleur ; dyspepsie ; pesanteur épigastrique ; constipation ; palpitations ; céphalalgie ; douleur entre les épaules et vis-à-vis le sternum.

Traitement. Frictions avec le drap mouillé ; ablu-

tions à 14 degrés ; piscine ; lavements froids ; douches vaginales et en pluie ; demi-bains dérivatifs ;
massage ; exercices gymnastiques. Après trois semaines de ce traitement, et d'un régime alimentaire peu abondant mais tonique, cette malade vit
disparaître tous ces accidents ; les fonctions digestives se rétablirent, le visage perdit sa pâleur et les
forces augmentèrent chaque jour. Depuis ce traitement la menstruation s'est parfaitement régularisée.
Durée, un mois. *Guérison.*

**105. Engorgement du col avec granulations, chlorose
ménorrhagique.**

Age, trente-huit ans ; *tempérament* nerveux ;
menstruation très – abondante ; pertes sanguines
dans les intervalles ; faiblesse générale ; marche
difficile ; douleurs de reins ; tuméfaction du col
avec granulations ; sensibilité extrême ; appétit,
digestions lentes ; constipation ; congestion vers la
tête, palpitations.

Traitement. Frictions avec le drap mouillé ; bains
de siége toniques ; étuve humide très-courte suivie
d'ablutions froides ; piscine ; douche en pluie ; lavements froids ; ceinture mouillée.

Durée, trois mois. *Amélioration* considérable ;
nécessité d'une deuxième cure.

106. Ménorrhagie, anémie chlorotique.

Age, quarante-deux ans ; *tempérament* lympha-

tico-nerveux. *Traitement ut supra. Durée*, deux
mois. *Amélioration.*

107. Menstruation irrégulière.

Age, quarante ans; *tempérament* sanguin nerveux.
Traitement ut supra. Durée, trois mois. *Guérison.*

108. Relâchement de l'utérus, hystérie.

Age, trente-neuf ans; *tempérament* sanguin nerveux. *Traitement ut supra. Durée*, trois mois.
Guérison.

109. Leucorrhée, anémie chlorotique.

Age, vingt-quatre ans, *tempérament* lymphatique.
Convalescence d'une fièvre typhoïde. *Traitement :*
frictions avec le drap mouillé; étuve sèche suivie
de lotions froides et de la piscine; bains de siége
toniques et souvent répétés; douche en pluie et à
colonne. *Durée*, six semaines. *Guérison.*

110. Abaissement de l'utérus, ulcérations au col, hystérie.

Age, trente-huit ans; *tempérament* nerveux. Constitution épuisée par de longues souffrances; dyspepsie; constipation; maigreur extrême. *Traitement :* étuve humide courte, et suivie de lotions
tempérées à 16 degrés; lavements froids; douches
vaginales à 16 degrés, et graduellement à 10 de-

grés; bains de siége; ceinture mouillée; douches
en pluie et à colonne circulaires. *Durée,* quatre
mois. *Guérison.*

NEUVIÈME SÉRIE.

MALADIES DES ORGANES PARENCHYMATEUX DE L'ABDOMEN.

---

111. Hépatite chronique, dysménorrhée.

Age, trente-deux ans; *sexe* féminin; *tempérament* bilieux nerveux. Défaut de circulation dans
les gros vaisseaux abdominaux, par suite d'une vie
trop sédentaire; obésité assez prononcée; peau
molle et blanche; menstruation difficile, précédée
d'accidents nerveux généraux; douleur obtuse à
l'hypocondre droit; apyrexie; oppression et palpitations à la région précordiale; congestion vers la
tête; extrémités froides; constipation.

Traitement : frictions avec le drap mouillé; ablutions à 12 degrés; étuve sèche suivie de la piscine;
bains de siége; pédiluves froids; douche en pluie
ascendante; lavements froids; douche à colonne.
Pour la première fois, il survient des hémorrhoïdes
externes et fluentes. *Durée,* deux mois. *Guérison.*

112. Engorgement du foie, obésité.

Age, cinquante ans; *sexe* masculin; *tempérament*

sanguin. Affection analogue à l'observation précédente. Même traitement, même résultat. *Durée*,
trois mois. *Guérison.*

**113. Engorgement des viscères abdominaux, paresse
intestinale, état apoplectique.**

Age, trente-six ans ; *sexe* féminin ; *tempérament*
sanguin. Constipation ; hémorrhoïdes non fluentes ;
ventre dur, ballonné ; flatuosités ; anorexie ; langue
saburrale ; face très-injectée ; sommeil lourd ; céphalalgie.

Traitement : bains de siége dérivatifs ; pédiluves
froids ; ceinture mouillée ; lavements froids ; douche
à colonne vers les extrémités inférieures. Après
un mois de traitement, les hémorrhoïdes coulent
abondamment pour la première fois ; l'aspect général change ; les fonctions digestives sont régulières, et à la sixième semaine de sa cure, cette
malade connaissant enfin le moyen de remédier à
des accidents qu'aucune médication n'avait jusqu'alors pu combattre efficacement, quitte Divonne,
en se promettant bien de continuer l'usage de l'eau
froide par mesure hygiénique.

Durée, six semaines. *Guérison.*

114. Engorgement du foie.

Age, trente-huit ans ; *sexe* féminin ; *tempérament*
nerveux et bilieux. Congestion passive du foie avec

douleurs sourdes; hémorrhoïdes non'fluentes; hypocondrie, maigreur, teinte ictérique générale; irritabilité nerveuse excessive; appétit irrégulier; langue fendillée, mais d'une couleur normale; constipation combattue par l'usage d'eaux thermales sulfureuses; amélioration passagère; menstruation irrégulière et incomplète; leucorrhée; peau mate et sèche.

Traitement : *étuve sèche* suivie d'*ablutions* à 14 degrés. Cette opération, mise d'abord en usage dans le seul but d'exciter les fonctions cutanées, et d'étudier l'impressionnabilité de la malade, est bientôt mise de côté et remplacée par l'*étuve humide* de très-courte durée, dont l'action sédative et tonique calme et fortifie tout à la fois. *Bains de siége* toniques; injections vaginales; *frictions* avec le drap mouillé; *douches en pluie* circulaire et verticale; plus tard, douche à colonne.

Cette malade fait trois mois de traitement; elle ne souffrait plus depuis un mois lorsqu'elle est partie. *Durée*, trois mois. *Guérison*.

115. Congestion passive du foie et des viscères abdominaux.

Age, trente-six ans; *sexe* féminin; *tempérament* sanguin; menstruation insuffisante; congestions constantes à la tête; peau injectée, vergetée; extrémités froides; constipation; régime trop succulent;

vie sédentaire ; fonctions de la peau complétement suspendues. *Traitement : étuve humide* suivie d'*ablutions* à 12 degrés ; piscine ; bains de siége tempérés d'abord à 16 degrés ; puis graduellement plus froids, mais jamais au-dessous de 12 degrés ; lavements froids, ceinture mouillée ; pédiluves froids ; douches en pluie et à colonne.

Durée, deux mois. Amélioration considérable ; nécessité d'une deuxième cure.

116. Hépatite chronique, constipation opiniâtre, état apoplectique très-prononcé.

Age, quarante ans ; *sexe* féminin ; *tempérament* lymphatique sanguin. Affection fort ancienne et très-grave ; obésité ; ventre dur, ballonné et douloureux, surtout à la région gastro-hépatique ; urines rares et sédimenteuses ; peu d'appétit ; la face est d'une couleur jaune-verdâtre ; mais les pommettes sont fortement colorées par la stagnation du sang dans les capillaires ; la physionomie dénote de la stupeur, de l'engourdissement ; la parole est lente ; la langue ne dévie pas ; mais elle paraît avoir de la peine à se mouvoir ; respiration pénible, quelquefois stertoreuse ; palpitations fréquentes ; extrémités froides ; sensibilité tactile diminuée.

Traitement : étuve humide suivie d'ablutions à 18 degrés, puis graduellement à 12 degrés ; bains de siége dérivatifs; ceinture mouillée; pédiluves froids; lavements froids.

Le traitement de cette grave maladie, pour être efficace, exigeait un temps assez long; mais un mois s'était à peine écoulé, que la malade avait perdu courage, et s'apprêtait à quitter Divonne. J'ai beaucoup regretté ce défaut de persévérance, car je suis encore convaincu qu'à l'aide d'un traitement doux, gradué, et par conséquent plus long qu'un autre, je serais insensiblement arrivé à faire cesser cet engorgement du foie et des autres viscères abdominaux, et que j'aurais rétabli l'activité de la circulation et du système cutané, par les frictions froides et l'emploi soutenu de l'étuve humide. Si cette malade a présenté un résultat négatif, l'hydrothérapie ne peut donc en être responsable.

Durée, un mois. *Insuccès*.

117. Gastro-hépatite chronique.

Age, quarante-trois ans; *sexe* féminin; *tempérament* bilieux et nerveux. Cette affection, qui date de quelques années, est survenue à la suite d'une arthrite rhumatismale, et s'est compliquée d'un asthme nerveux intermittent; menstruation suspendue depuis deux ans environ.

Traitement : quelques *étuves sèches* suivies d'ablutions à 16 degrés; *piscine; bains de siége; douche en pluie ; ceinture mouillée ; pédiluves froids ; lavements froids ; douche à colonne ; frictions avec le drap mouillé ; étuve humide.*

Durée, deux mois. *Guérison.*

118. Gastro-hépatite chronique, cholélithes.

Je voudrais pouvoir exposer ici tous les détails historiques qui se rattachent à cette intéressante observation, dans laquelle l'hydrothérapie a joué un rôle très-remarquable ; mais je me bornerai à rendre compte à mes confrères des faits les plus importants qui ont été recueillis à Divonne, en les faisant accompagner de quelques renseignements généraux sur les antécédents de cette affection bizarre. Je suis cependant heureux de pouvoir les prévenir que, dans l'intérêt de la science en général, et du diagnostic de cette maladie en particulier, je suis prêt à leur fournir confidentiellement tous ces détails, qui ne manqueront pas, j'en suis sûr, d'avoir pour eux un haut intérêt, surtout au point de vue hydrothérapique. L'affection chronique du foie et l'existence même de cholélithes ont été méconnues pendant un espace de huit années environ ; l'attention des médecins traitants a été sans cesse détournée de la lésion principale par les symptômes les plus obscurs et les plus insidieux. Ainsi, dès le principe, à la suite d'une fausse couche, on crut pouvoir expliquer la débilité qui,

pendant longtemps, lui succéda, par un relâche=
ment des ligaments suspenseurs utérins, et par la
présence probable de petites ulcérations au col,
que l'on cautérisa avec le nitrate d'argent : de là,
menstruation longue, et peu abondante; névralgie
sympathique de la tête et de l'estomac. La constipation devint habituelle; lorsque, pour la combattre, on fit usage de purgatifs, on éveilla de violentes douleurs qui correspondaient aux lombes et
à la portion supérieure du sacrum : ne pouvant les
expliquer, on crut devoir les mettre sur le compte
d'une névralgie du col utérin; la gastralgie devint
alors très-intense et fut accompagnée, à plusieurs
reprises différentes, de méléna et de crises nerveuses avec refroidissement des membres; bientôt
le dépérissement et la faiblesse augmentèrent : on
supposa un développement variqueux des vaisseaux
veineux de l'estomac; on prescrivit le repos, un
régime sévère et l'usage du lait d'ânesse, dans
le but de favoriser la nutrition et de combattre la constipation : cette dernière cessa sous
l'influence de ce régime. Depuis cette époque,
le méléna n'a jamais reparu; mais les douleurs
épigastriques et lombaires conservèrent leur
première intensité : quelque temps après cependant, l'usage d'une légère solution d'iodure de
potassium produisit un peu de calme; il ne fut
malheureusement pas de longue durée, car les

mêmes symptômes se renouvelèrent comme auparavant.

J'ai oublié de faire remarquer que ces douleurs apparaissaient autrefois dans toute leur énergie deux heures et demie environ après le repas de midi, à la même distance du repas du soir, et qu'en outre elles étaient accompagnées de vomissements d'une eau salée qui ne présentait-aucune analogie soit avec les aliments, soit avec les liquides ingérés.

Tel est l'exposé général et succinct de la maladie depuis son origine, et l'on peut voir que jusqu'ici le foie n'a pas encore été mis en cause et que même il semble tout à fait étranger à l'affection qui nous occupe : la suite de cette observation prouvera bientôt le contraire.

État de la malade à son arrivée à Divonne.

Age, trente ans; *sexe* féminin; *tempérament* lymphatique nerveux. Douleurs presque continuelles à l'épigastre, à la région dorsale et lombaire avec exacerbation deux heures et demie après le repas de midi; vomissements d'eau salée; selles dures et irrégulières; flatuosités; faiblesse excessive; impossibilité de marcher plus de quelques minutes sans être forcée de s'asseoir; tristesse; hypocondrie. Il est un fait curieux à enregistrer à propos des vomissements d'eau salée qui se mani-

11

festent pendant les accidents névralgiques, c'est
que ces vomissements n'ont jamais lieu lorsque la
mélancolie est telle qu'elle excite le découragement
et les larmes.

Jusqu'à ce moment la malade n'a jamais accusé
la plus légère douleur à la région hépatique proprement dite, ou du moins cette douleur pouvait
exister sourde et profonde, et être facilement con-
fondue avec celle de l'épigastre dont la violence
était parfois extrême. La langue est saburrale,
quelquefois avec un *goût de sang* dans la bouche ;
en effet, on aperçoit souvent dans les vomissements
quelques stries sanguines ; céphalalgie, sommeil
pénible, non réparateur ; menstruation irrégulière
d'une longue durée et peu abondante, hémorrhoïdes non fluentes, extrémités froides.

*Traitement. Frictions avec le drap mouillé, lave-
ments froids, douche en pluie, bains de siége,* quelques *étuves sèches* suivies *d'ablutions* à 15 degrés;
puis de la *piscine, douche vaginale, étuve humide,
douche à colonne* brisée sur l'épigastre et la région
hypocondriaque droite, pédiluves froids, *ceinture
mouillée* avec *compresses humides sèches* en permanence sur la région épigastrique, *douche à colonne
périnéale.* Huit jours s'étaient à peine écoulés que
les forces renaissaient et que la marche surtout de-
venait plus facile ; bientôt il survint des selles
bilieuses assez abondantes ; les vomissements d'eau

salée et les névralgies épigastriques et dorsales
continuaient avec la même persévérance ; ces dernières étaient cependant moins intenses et quelquefois nulles, lorsqu'une souffrance se manifes-
tait sur un autre point. Plus tard, sans cesser
d'exister, elles furent moins fréquentes et changè-
rent insensiblement de caractère.

Un mois environ après avoir commencé la cure,
la malade ressentit un jour les douleurs de la région dorsale et épigastrique plus vives et plus
aiguës ; dans la soirée elle remarqua un phénomène
étrange et nouveau qui consista dans un tremble-
ment général de tout le corps, sans frissons et sans
fièvre, et qui se termina par un véritable *frémissement* involontaire des intestins et de toute la région
abdominale. Ce frémissement dura une heure environ. Le lendemain, la douleur de la région dorsale qui siégeait toujours dans un point fixe correspondant à l'épigastre, est déplacée ; elle apparaît
aussi aiguë, mais entre les deux épaules. Une
éruption érythémateuse se montre sur toutes les
parties recouvertes par la ceinture mouillée ; la
menstruation est en retard ; la douleur dorsale
gagne l'épaule droite, et coïncide brusquement
avec une autre douleur lancinante et pongitive
survenue pendant la nuit et qui se montre pour la
première fois sous les fausses côtes du côté droit ;
contractions spasmodiques de l'estomac ; vomisse-

ments d'eau salée mêlés de bile pure. Les régions hépatique et épigastrique sont d'une extrême sensibilité au toucher ; le foie ne paraît pas plus volumineux qu'à l'état normal ; les selles sont depuis quelques jours d'une couleur jaune-grisâtre. La malade est altérée et éprouve un profond dégoût pour la viande ; la bouche est amère, pâteuse ; la langue est jaune au centre ; le pouls est à 72 ; la douleur signalée au foie se produit par accès qui laissent entre eux d'assez longs intervalles ; elle augmente au moment de l'inspiration, au toucher, au plus léger accès de toux ; la poitrine et l'épaule droite sont fortement endolories ; le décubitus dorsal est seul possible ; les urines sont jaune foncé, troubles, huileuses ; les selles sont totalement décolorées et diarrhéiques ; un ictère général et très-prononcé se manifeste ; il dure deux jours environ, et se dissipe à mesure que les douleurs s'apaisent ; à l'examen des selles devenues plus colorées, je rencontrai plusieurs calculs biliaires dont les plus volumineux n'excédaient pas la grosseur d'un haricot ; leur forme était variable et tous présentaient des facettes plus ou moins marquées ; ils étaient cassants ; leur centre était occupé par une substance verdâtre, transparente et comme cristallisée, enveloppée d'une couche jaune et très-friable.

Après l'expulsion de ces calculs, la malade a

peu à peu réparé ses forces ébranlées par plusieurs coliques hépatiques successives ; la menstruation s'est rétablie et les névralgies épigastrique et dorsale n'ont pas reparu pendant un certain temps. Je crois pouvoir affirmer que les calculs que renferment les canaux hépatiques ne sont pas entièrement expulsés ; il ne serait donc pas étonnant que ces accidents névralgiques se manifestassent encore ; mais du moins, on saura maintenant de quel côté il convient de diriger l'attaque, la cause obscure et profonde de ces douleurs essentiellement symptomatiques étant à découvert.

Quand cette intéressante malade a quitté Divonne, après trois mois de traitement, l'amélioration générale était déjà très-grande, et je ne doute pas qu'en renouvelant la cure une ou deux fois encore, on n'arrive à l'expulsion totale des calculs qui peuvent encombrer et gêner la circulation veineuse et l'excrétion biliaire. Cette première expulsion, en effet, s'est faite sans le secours d'aucun autre agent thérapeutique, dont l'action irritante aurait sans doute augmenté la prostration dans laquelle la malade était déjà plongée ; tandis que le traitement par l'eau froide agissant uniquement sur l'enveloppe extérieure, ranimait d'un côté la vie épuisée, tout en exaltant de l'autre les forces vitales nécessaires pour obtenir l'élimination de toute production morbide.

119. Engorgement du foie et de la circulation veineuse abdominale.

Age, trente-huit ans ; *sexe* féminin ; *tempérament* sanguin et nerveux ; même traitement qu'à l'observation 113e. *Durée*, quatre mois. *Guérison*.

120. Engorgement du foie, hémorrhoïdes.

Age, trente ans ; *sexe* masculin ; *tempérament* lymphatico-sanguin. Traitement *ut supra*. *Durée*, six semaines. *Amélioration*.

DIXIÈME SÉRIE.

MALADIES DU SYSTÈME SÉREUX.

---

121. Tumeur blanche du genou.

Age, seize ans ; *sexe* féminin ; *tempérament* lymphatico-nerveux. Cette affection, dont l'invasion remonte à plusieurs années, a déjà été enrayée par diverses médications antiphlogistiques et dérivatives : je n'avais d'autre mission que de faire disparaître les dernières traces de l'engorgement des tissus articulaires et de rendre au membre malade la souplesse et la force qu'il avait perdues.

Traitement. Étuves sèche et humide, suivies d'ablutions et de grands bains froids ; douche en pluie et à colonne, frictions froides, compresses humides sèches, exercices gymnastiques, mouvements d'extension et de flexion gradués et combinés de manière à détruire une légère ankylose qui entretenait la claudication.

Durée, deux mois. *Amélioration considérable.*

ONZIÈME SÉRIE.

SYPHILIS.

122. Accidents tertiaires, syphilides.

Durée, deux mois. *Amélioration.*

DOUZIÈME SÉRIE.

DES PARALYSIES ET DES LÉSIONS DES CENTRES NERVEUX.

123. Paraplégie.

Age, trente-sept ans; *sexe* masculin; *tempérament* nerveux. *Traitement.* Étuve humide suivie du grand bain, douche à colonne, frictions froides sur les membres inférieurs. *Durée*, six semaines. *Amélioration légère.*

124. Paraplégie.

Age, soixante et dix ans; *sexe* masculin; *tempéra-*

ment nerveux. Ce vieillard, plein d'énergie et d'activité, habitué depuis longues années à faire de grandes courses à pied, à gravir les montagnes pour se livrer à ses recherches de savant naturaliste, a senti depuis une année environ un peu de faiblesse et de roideur dans les jambes; les grandes transpirations que ces excursions produisaient souvent, ont diminué, et même cessé complétement depuis les pieds jusqu'au milieu du tronc, et ont fait place à un engourdissement, à un froid permanent, et à un commencement d'insensibilité; ces désordres sont plus apparents à la jambe droite qu'à la gauche, la tête transpire beaucoup, la constipation s'est établie; les voies urinaires sont restées à peu près intactes.

A son arrivée à Divonne, il peut à peine, faire cinq ou six pas avec précision; bientôt le pied droit fauche, et il est obligé de s'arrêter pour ne pas perdre l'équilibre; la tête est parfaitement libre, et les facultés intellectuelles aussi saines qu'au jeune âge; l'appétit est assez développé.

Traitement. Frictions avec le drap mouillé, bains de siége, douche à colonne. Après quelques jours de ce traitement, les jambes se réchauffent dans le maillot, la transpiration se rétablit modérément, et la marche devient plus facile. Comme ce malade a un esprit très-méthodique, il observe lui-même le moindre progrès; ainsi, au bout de huit jours il a pu faire cent pas; le lendemain, trois cents; le surlendemain, six cents : enfin quelque temps après il fait une lieue à pied sans trop se fatiguer; sa canne, qui auparavant lui servait de point d'appui indispensable, est portée dès lors sur l'épaule avec un air de fierté qui fait plaisir à voir. Bientôt la constipation disparaît complétement, la transpiration est générale, la tête ne transpire pas plus que les extrémités inférieures; il fait impunément une longue course à la montagne. Ce traitement, qui a duré deux mois, a été traversé pendant quatre jours par une réaction fébrile comme celles qu'on observe communément dans le cours des cures d'eau froide; pendant sa durée, les forces ont été abattues, il a ressenti des tiraillements dans les jambes, des pandiculations, des soubresauts nerveux. Aussitôt que ces phénomènes de réaction ont été dissipés, l'amélioration a marché plus rapidement qu'avant la crise.

Quand ce malade a quitté Divonne le changement survenu dans sa position était vraiment extraordinaire; chacun se plaisait à admirer les progrès qu'il faisait chaque jour; mais il est à souhaiter qu'une deuxième cure, faite au printemps prochain, consolide ce bien-être d'une manière définitive.

Durée, deux mois. *Amélioration considérable.*

125. Paraplégie incomplète.

Age, soixante-cinq ans; *sexe* masculin; *tempérament* lymphatico-nerveux. *Traitement* : douche
en pluie et à colonne, frictions froides, ablutions,
bains de siége. *Durée*, six semaines. *Amélioration.*

126. Paralysie générale et incomplète.

Age, vingt-six ans; *sexe* féminin; *tempérament*
lymphatico-sanguin. L'origine de cette grave affection remonte à deux années et demie. Mariée à
l'âge de vingt-deux ans, cette malade, au bout de
dix mois, a une fille qu'elle nourrit elle-même;
quatre mois et demi après l'accouchement, elle
se plaint de lassitude. Un jour, en sortant de table,
elle a, dit-on, une *indigestion;* elle se lève avec en-
vie de vomir, et tombe aussitôt sans connaissance;
on pratique une large saignée, on la soumet à un
régime tonique, et peu de temps après on la trans-
porte aux eaux d'Uriage, dont elle ne retire aucun
résultat favorable; l'enfant est sevré, mais on ne
s'est jamais occupé, m'a-t-on dit, du lait de la
mère. Cet accident n'était autre chose qu'une apoplexie avec épanchement dans les ventricules céré-
braux et le canal vertébral; disposition fatale, qui
paraît d'ailleurs être héréditaire : en effet, la mère
de cette malade fut subitement frappée, à l'âge de

quarante-sept ans, d'une apoplexie foudroyante, avec les mêmes circonstances qu'a présentées sa fille; c'est-à-dire en sortant de table. Cet événement fit une profonde impression sur l'esprit de notre jeune malade, et cet effet moral contribua sans doute à développer en elle cette funeste prédisposition.

État de la malade à son arrivée à Divonne. — La menstruation, suspendue depuis le commencement de la grossesse, a reparu seulement depuis six mois; la chaleur du corps est uniforme; la sensibilité est parfaite sur toute sa surface; aucun point douloureux à la pression sur le trajet de la moelle épinière; le côté gauche a toujours été plus malade que le droit. Cependant les deux jambes paraissent être dans le même état; le bras droit seul conserve un peu de force; elle peut, au gré de sa volonté, remuer les deux bras, mais elle ne peut en aucune façon faire mouvoir les jambes, qui tantôt sont roides, contracturées, et tantôt dans un état complet de flaccidité et d'inertie; le dos laisse apercevoir les traces des moxas et des vésicatoires qui lui ont été appliqués à différentes reprises. Les mains sont parfois très-froides ainsi que les pieds; la malade en souffre, et demande qu'on la réchauffe; la tête vacille continuellement de droite à gauche, même quand elle repose sur l'oreiller; le regard est vague, terne, la vision est trouble,

la parole est lente et peu intelligible, les gencives
sont d'un rouge-brun comme dans le scorbut; la
physionomie est riante et exprime presque toujours
un air de béatitude; les pupilles sont dilatées et se
contractent à peine, le cœur et l'appareil respira-
toire sont dans une situation normale, la mémoire
est saine, elle entend très-distinctement ce qui se
passe autour d'elle; le sens de l'odorat est intact,
pas de sécrétions de la muqueuse nasale; l'appétit
est bon, la constipation est telle, qu'elle peut rester
quelquefois un mois sans avoir une selle; la vessie
et le rectum sont complétement paralysés, la peau
ne fonctionne plus depuis plusieurs années.

Traitement. Frictions générales avec des serviettes mouillées; bains de siége dérivatifs; étuve
sèche suivie d'une immersion dans un bain à
16 degrés, la tête étant recouverte d'une large
compresse froide; les époques paraissent régulièrement le sixième jour du traitement; après
l'immersion, la réaction se maintient, malgré la
nécessité de conserver le lit et l'immobilité ;
chaque jour l'enveloppement dure moins que la
veille; au douzième jour de la cure elle peut, en
sortant du bain, se tenir debout sur ses jambes;
douche à colonne sur le trajet de la moelle épinière
et les membres inférieurs; le lendemain, elle peut
faire cinq pas étant soutenue à peine sous les bras;
le soir elle se soulève seule sur son lit, se tient

assise et demande le bassin ; *c'est la première fois* depuis le commencement de sa maladie que ce sentiment se manifeste ; elle a une selle dure assez copieuse ; quant aux urines, elles s'écoulent toujours involontairement. C'est déjà un progrès immense, qui prouve l'action aussi salutaire qu'énergique de ce genre de traitement ; un mois plus tard elle a la conscience qu'elle veut uriner, et pendant la nuit elle réveille la garde-malade pour l'aider à remplir cette fonction. Les jambes sont toujours dans le même état, c'est-à-dire que l'amélioration, qui avait permis à la malade de faire quelques pas, n'a pas augmenté ; la paralysie seule du rectum et de la vessie a disparu. Il aurait fallu, pour guérir ou améliorer seulement cette grave affection, suivre la cure pendant un temps dont la durée eût été difficile à limiter, mais la famille de cette pauvre malade a reculé devant des sacrifices dont les résultats pour elle restaient toujours incertains, et le traitement n'a pas été continué. Je le regrette vivement, car cette amélioration, quelque légère qu'elle fût, était pour moi de la plus haute importance, en me montrant dès le début l'action efficace des moyens mis en usage, et la preuve évidente que j'étais dans une bonne voie.

Durée, deux mois. *Amélioration légère.*

1**27**. Paraplégie incomplète.

Age, quarante et un ans ; *sexe* masculin. *Tempérament* sanguin nerveux.

Traitement. Frictions avec le drap mouillé ; *étuve sèche* et *piscine ;* douche à colonne. *Durée*, six semaines. *Amélioration.*

1**28**. Paraplégie incomplète.

Ce malade qui, dans le compte rendu de 1850, est classé au n° 97, est revenu cette année à Divonne y faire une deuxième cure dont il n'a retiré de très-bons effets que quelque temps seulement après sa suspension ; la constipation a totalement disparu, ainsi que la paresse de la vessie, et la marche peut se soutenir très-longtemps sans fatigue.

TREIZIÈME SÉRIE.
DES MALADIES AIGUËS ET DIVERSES.

1**29**. Hernie inguinale incomplète.

Age, trente-trois ans ; *sexe* masculin. *Tempérament* nerveux.

A la suite d'une cholérine dont ce malade fut atteint il y a dix-huit mois environ, survint une faiblesse partielle des parois abdominales du côté gauche, avec matité remarquable de toute cette

région. Peu de temps après une anse intestinale
s'engage dans le canal inguinal et se présente dans
la direction de son trajet comme une large plaque
aplatie remontant dans l'épaisseur des parois du
ventre. C'est à cette variété de hernie que *Dance* a
donné le nom de hernie *intra-pariétale*. Quelques
frictions fortifiantes sont faites sur cette tumeur
qui diminue d'une manière sensible. Les viscères
herniés sont maintenus en place par un bandage ;
ainsi, en m'envoyant ce malade à Divonne, son
médecin traitant n'avait d'autre but que de fortifier
les parois abdominales, et s'opposer ainsi au développement ultérieur de la hernie.

Traitement. Frictions avec le drap mouillé ; *bains
de siége toniques ; ablutions froides ; piscine ; lavements froids ; douche à colonne brisée.*

Après cinq semaines de traitement la matité et
la tumeur ont disparu ; cette dernière même ne se
reproduit plus lorsque pendant la marche le bandage contentif n'est pas porté.

Durée, cinq semaines. *Guérison.*

130. Tumeur cancéreuse de la vessie.

Ce malade, qui m'avait été adressé en désespoir
de cause, est resté quelques jours à Divonne, et
après m'être assuré de la lésion organique dont il
devait être victime, je l'ai renvoyé dans sa famille
en l'engageant à ne pas entreprendre un traitement

qui, dans l'état particulier où il se trouvait, devait lui être plus nuisible qu'utile. Si je classe cette observation parmi les résultats négatifs, il ne faut pas en conclure que l'hydrothérapie a éprouvé un échec, je veux seulement faire concorder le nombre des résultats avec celui des malades qui ont séjourné à Divonne, et profiter de cette occasion pour prier mes confrères de ne jamais compter sur le secours de cette médication dans tous les cas où il existe ce qu'on appelle *lésion organique;* l'expérience m'ayant démontré que l'action de l'eau froide, augmentant l'énergie des forces vitales, accélère dans ces circonstances la marche destructive de la maladie.

131. Obésité.

Age, trente-neuf ans; *sexe* masculin. *Tempérament* lymphatique. *Causes :* usage habituel de mets succulents, de boissons chaudes et sucrées, de repos, d'oisiveté, de sommeil trop prolongé, surtout après les repas.

Traitement. Étuve sèche suivie de transpirations, d'*ablutions*, et plus tard de la grande *piscine; frictions* avec le drap mouillé; *équitation;* exercices gymnastiques.

Durée, deux mois. *Guérison.*

Je dois ajouter que cette guérison ne se maintiendra qu'à la condition expresse de suivre le ré-

gime tonique indiqué, et de renoncer à jamais aux
funestes habitudes qui peu à peu ont fait naître
cette grande activité du tissu cellulaire.

132. Rhumatisme articulaire aigu.

Age, seize ans; *sexe* masculin. *Tempérament*
sanguin. *Causes occasionnelles* : froid humide.
Je ne fus consulté que quatre jours après l'invasion de la maladie, et lorsque presque toutes les
articulations étaient envahies ; pouls fréquent, dur,
peau chaude et halitueuse, soif, anorexie, constipation ; urines peu abondantes, troubles, sédimenteuses, rougeur de la face, céphalalgie, insomnie.
Les articulations malades sont légèrement tuméfiées, douloureuses à la moindre pression.

Traitement. Étuve humide d'une durée de quinze
minutes et renouvelée quatre et cinq fois ; la
réaction expansive se faisant rapidement pendant les quinze premières minutes, je faisais
découvrir le malade, puis on l'enveloppait aussitôt dans un autre drap mouillé; cette opération se renouvelait ainsi plusieurs fois de suite jusqu'à ce que la peau fût revenue à sa température
normale; ces enveloppements courts et successifs
avaient lieu matin et soir, et se terminaient chaque
fois par une ablution à 14 degrés. Après la friction
sèche qui suivait cette dernière, le malade ressentait un grand bien-être et pouvait marcher sans

douleur ; sa promenade terminée il se mettait au
lit ; des compresses humides sèches étaient appli-
quées en permanence sur les articulations malades
et le soir les enveloppements du matin recommen-
çaient ; quatre lavements froids et douze verres
d'eau par jour.

A chaque changement de drap mouillé, celui
qu'il quittait après un enveloppement d'un quart
d'heure était *complétement sec* et souvent conservait
une coloration rose très-apparente.

Ce traitement dure une semaine ; après les quatre
premiers jours les douleurs sont tout à fait apaisées, le pouls est naturel, les selles sont régulières,
les urines toujours très-sédimenteuses, la peau fraîche, le malade peut impunément satisfaire son appétit, conserver des forces précieuses et passer sans
convalescence de la maladie à la guérison radicale.

Pendant les derniers jours je lui fais prendre une
douche à colonne générale, et ce jeune homme
peut reprendre immédiatement ses travaux sans en
éprouver la moindre fatigue.

Durée, une semaine. *Guérison.*

133. Lumbago aigu.

Age, trente-cinq ans ; *sexe* masculin. *Tempéra-*
ment sanguin. *Causes* : froid humide, fatigues.

Traitement, ut supra.

Durée, trois jours. *Guérison.*

RÉSUMÉ.

18 Rhumatismes. — Goutte.

DÉSIGNATION DES RÉSULTATS.	HOMMES.	FEMMES.	TOTAL.
Guérison................	10	1	11
Amélioration............	2	3	5
Insuccès................	2		2
TOTAUX.....	14	4	18

DURÉE PAR SEMAINES DU TRAITEMENT

DE LA 1re SÉRIE.

DÉSIGNATION DES RÉSULTATS.	SEMAINES.					TOTAL.
	4	6	8	13	17	
Guérison................	»	3	6	1	1	11
Amélioration............	»	1	1	2	1	5
Insuccès................	2	»	»	»	»	2
TOTAL.....................						18

2ᵉ SÉRIE.

16 Névralgies.

DÉSIGNATION DES RÉSULTATS.	HOMMES.	FEMMES.	TOTAL.
Guérison................	10	3	13
Amélioration............	2	1	3
Insuccès................	»	»	»
TOTAUX.....	12	4	16

-DURÉE PAR SEMAINES DU TRAITEMENT

DE LA 2ᵉ SÉRIE.

DÉSIGNATION DES RÉSULTATS.	SEMAINES.				TOTAL.
	5	6	8	26	
Guérison..............	1	4	7	1	13
Amélioration...........	»	2	1	»	3
Insuccès..............	»	»	»	»	»
TOTAL.....................					16

3ᵉ SÉRIE.

27 Névroses. — Névropathies.

DÉSIGNATION DES RÉSULTATS.	HOMMES.	FEMMES.	TOTAL.
Guérison..............	13	11	24
Amélioration............	1	»	1
Insuccès..............	1	1	2
Totaux.....	15	12	27

DURÉE PAR SEMAINES DU TRAITEMENT

DE LA 3ᵉ SÉRIE,

DÉSIGNATION DES RÉSULTATS.	SEMAINES.						TOTAL.
	5	6	8	13	17	40	
Guérison..............	1	5	11	5	1	1	24
Amélioration..........	»	»	1	»	»	»	1
Insuccès..............	»	»	2	»	»	»	2
Total.................							27

4e SÉRIE.

7 Affections herpétiques. — Dartres.

DÉSIGNATION DES RÉSULTATS.	HOMMES.	FEMMES.	TOTAL.
Guérison................	4	1	5
Amélioration............	»	1	1
Insuccès...............	»	1	1
TOTAUX.....	4	3	7

DURÉE PAR SEMAINES DU TRAITEMENT

DE LA 4e SÉRIE.

DÉSIGNATION DES RÉSULTATS.	SEMAINES.					TOTAL.
	4	8	13	17	26	
Guérison................	»	2	1	1	1	5
Amélioration............	1	»	»	»	»	1
Insuccès................	»	1	»	»	»	1
TOTAL.....................						7

9 Maladies des organes respiratoires.

DÉSIGNATION DES RÉSULTATS.	HOMMES.	FEMMES.	TOTAL.
Guérison................	4	2	6
Amélioration............	3	»	3
Insuccès................	»	»	»
TOTAUX.....	7	2	9

DURÉE PAR SEMAINES DU TRAITEMENT

DE LA 5e SÉRIE.

DÉSIGNATION DES RÉSULTATS.	SEMAINES.								TOTAL.
	2	5	6	8	13	17	22	30	
Guérison..............	1	»	»	1	1	1	1	1	6
Amélioration..........	»	1	2	»	»	»	»	»	3
Insuccès..............	»	»	»	»	»	»	»	»	»
TOTAL.....................									9

6ᵉ SÉRIE.

7 Maladies du tube digestif.

DÉSIGNATION DES RÉSULTATS.	HOMMES.	FEMMES.	TOTAL.
Guérison.................	4	»	4
Amélioration............	2	»	2
Insuccès.................	»	1	1
Totaux.....	6	1	7

DURÉE PAR SEMAINES DU TRAITEMENT

DE LA 6ᵉ SÉRIE.

DÉSIGNATION DES RÉSULTATS.	SEMAINES.				TOTAL.
	6	8	13	17	
Guérison.................	1	1	1	1	4
Amélioration............	1	1	»	»	2
Insuccès.................	»	1	»	»	1
Total.....................					7

7· ET 8· SÉRIES.

9 Maladies des organes génito-urinaires chez l'homme.
17 Maladies des organes génito-urinaires chez la femme,

DÉSIGNATION DES RÉSULTATS.	HOMMES.	FEMMES.	TOTAL.
Guérison................	6	10	16
Amélioration............	3	7	10
Insuccès...............	»	»	»
TOTAUX.....	9	17	26

DURÉE PAR SEMAINES DU TRAITEMENT.

DE LA 7ᵉ ET 8ᵉ SÉRIE.

DÉSIGNATION DES RÉSULTATS.	SEMAINES.								TOTAL.
	4	5	6	8	13	17	22	44	
Guérison..............	1	1	2	2	6	3	»	1	16
Amélioration..........	1	1	»	4	3	»	1	»	10
Insuccès..............	»	»	»	»	»	»	»	»	»
TOTAL.........................									26

40 Maladies des organes parenchymateux de l'abdomen.

DÉSIGNATION DES RÉSULTATS.	HOMMES.	FEMMES.	TOTAL.
Guérison...............	1	5	6
Amélioration.............	1	2	3
Insuccès................	»	1	1
Totaux.....	2	8	10

DURÉE PAR SEMAINES DU TRAITEMENT

DE LA 9ᵉ SÉRIE.

DÉSIGNATION DES RÉSULTATS.	SEMAINES.					TOTAL.
	4	6	8	13	17	
Guérison...............	»	1	2	2	1	6
Amélioration............	»	1	1	1	»	3
Insuccès...............	1	»	»	»	»	1
Total.......................						10

10ᵉ SÉRIE.

1 Maladie du système séreux.

DÉSIGNATION DES RÉSULTATS.	HOMMES.	FEMMES.	TOTAL.
Guérison................	»	»	»
Amélioration...........	»	1	1
Insuccès................	»	»	»
TOTAUX.....	»	1	1

DURÉE PAR SEMAINES DU TRAITEMENT

DE LA 10ᵉ SÉRIE.

DÉSIGNATION DES RÉSULTATS.	SEMAINES. 8	TOTAL.
Guérison...............	»	»
Amélioration...........	1	1
Insuccès...............	»	»
TOTAL................		1

11ᵉ SÉRIE.

1 Syphilis.

DÉSIGNATION DES RÉSULTATS.	HOMMES.	FEMMES.	TOTAL.
Guérison................	»	»	»
Amélioration............	»	1	1
Insuccès................	»	»	»
Totaux.....	»	1	1

DURÉE PAR SEMAINES DU TRAITEMENT

DE LA 11ᵉ SÉRIE.

DÉSIGNATION DES RÉSULTATS.	SEMAINES. 8	TOTAL.
Guérison................	»	»
Amélioration............	1	1
Insuccès................	»	»
Total................		1

12ᵉ SÉRIE.

6 Paralysies et lésions des centres nerveux.

DÉSIGNATION DES RÉSULTATS.	HOMMES.	FEMMES.	TOTAL.
Guérison...............	1	»	1
Amélioration............	4	1	5
Insuccès...............	»	»	»
Totaux.....	5	1	6

DURÉE PAR SEMAINES DU TRAITEMENT
DE LA 12ᵉ SÉRIE.

DÉSIGNATION DES RÉSULTATS.	SEMAINES.		TOTAL.
	6	8	
Guérison...............	»	1	1
Amélioration............	3	2	5
Insuccès...............	»	»	»
Total...................			6

RÉSUMÉ.

13ᵉ SÉRIE.

5 Maladies aiguës et diverses.

DÉSIGNATION DES RÉSULTATS.	HOMMES.	FEMMES.	TOTAL.
Guérison................	4	»	4
Amélioration............	»	»	»
Insuccès................	1	»	1
TOTAUX.....	5	»	5

DURÉE PAR SEMAINES DU TRAITEMENT

DE LA 13ᵉ SÉRIE.

DÉSIGNATION DES RÉSULTATS.	JOURS. 3	SEMAINES. 1	2	5	8	TOTAL.
Guérison..............	1	1	»	1	1	4
Amélioration............	»	»	»	»	»	»
Insuccès................	»	»	1	»	»	1
TOTAUX....................						5

TABLEAU SYNOPTIQUE
DES MALADIES
INDIQUANT
LEURS SÉRIES, LEUR NATURE, LEUR NOMBRE ET LEURS RÉSULTATS.

DÉSIGNATION DES SÉRIES	NATURE DES MALADIES.	NOMBRE.	GUÉRISONS.	AMÉLIORATIONS.	INSUCCÈS.
Iʳᵉ SÉRIE. 18 RHUMATISMES. GOUTTE.	Arthrite rhumatismale chronique	12	7	3	2
	Rhumatisme goutteux.........	1	»	1	»
	» nerveux..........	2	1	1	»
	Goutte podagre..............	2	2	»	»
	Lumbago chronique...........	1	1	»	»
IIᵉ SÉRIE. 16 NÉVRALGIES.	Névralgie crânienne...........	5	4	1	»
	» sciatique...........	7	5	2	»
	» temporale et sus-orbitaire...........	1	1	»	»
	» faciale.............	1	1	»	»
	Entéralgie...................	2	2	»	»
IIIᵉ SÉRIE. 27 NÉVROSES. NÉVROPATHIES.	Chlorose....................	1	1	»	»
	Hypocondrie................	8	6	1	1
	Spasmes hystériques de l'estomac....................	1	1	»	»
	Hystérie....................	5	4	»	1
	Névropathie générale.........	8	8	»	»
	Névrose de l'estomac........	1	1	»	»
	Chorée...................	1	1	»	»
	Paraplégie hystérique........	2	2	»	»
IVᵉ SÉRIE. 7 AFFECTIONS HERPÉTIQUES. — DARTRES.	Impétigo..................	1	1	»	»
	Dartre squammeuse lichénoïde.	1	1	»	»
	» » humide...	1	1	»	»
	Herpes esthiomène térébrant..	1	1	»	»
	» » serpigineux	1	»	»	1
	» circinnatus chronique..	1	1	»	»
	Rétrocession d'un eczema.....	1	1	»	»
Vᵉ SÉRIE. 9 MALADIES DES ORGANES RESPIRATOIRES.	Laryngite..................	5	2	3	»
	Laryngo-bronchite...........	1	1	»	»
	Catarrhe bronchique.........	1	1	»	»
	Asthme nerveux............	1	»	1	»
	Bronchite chronique.........	1	»	1	»
	A reporter........	77	58	14	5

DÉSIGNATION DES SÉRIES.	NATURE DES MALADIES.	NOMBRE.	GUÉRISONS.	AMÉLIORATIONS.	INSUCCÈS.
	Report........	77	58	14	5
VIe SÉRIE. 7 MALADIES DU TUBE DIGESTIF.	Entérite chronique..........	2	2	»	»
	Gastrite chronique...........	1	1	»	»
	Gastro-hépatite chronique.....	3	1	1	1
	Dyspepsie...................	1	»	1	»
VIIe ET VIIIe SÉRIES. 26 MALADIES DES ORGA- NES GÉNITO-URINAIRES CHEZ L'HOMME ET LA FEMME.	Spermatorrhée..............	7	5	2	»
	Irritation et faiblesse des orga- nes génito-urinaires..	1	»	1	»
	Cystite catarrhale............	1	1	»	»
	Aménorrhée................	1	»	1	»
	Engorgement du col avec ulcé- rations........	2	1	1	»
	Engorgement de l'utérus avec relâchement..	2	1	1	»
	Engorgement de l'utérus avec antéversion...	1	1	»	»
	Engorgement de l'utérus avec abaissement..	5	2	3	»
	Menstruation irrégulière......	4	4	»	»
	Ménorrhagie................	1	»	1	»
	Leucorrhée................,...	1	1	»	»
IXe SÉRIE 10 MALADIES DES ORGA- NES PARENCHYMATEUX DE L'ABDOMEN.	Hépatite chronique...........	4	2	1	1
	Engorgement du foie.........	6	4	2	»
Xe SÉRIE. 1 MALADIE DU SYSTÈME SÉREUX.	Tumeur blanche du genou.....	1	»	1	»
XIe SÉRIE. 1 SYPHILIS.	Syphilis................	1	»	1	»
XIIe SÉRIE. 6 PARALYSIES, ET LÉSIONS DES CENTRES NERVEUX.	Paraplégie	6	1	5	»
XIIIe SÉRIE. 5 MALADIES AIGUËS ET DIVERSES.	Hernie inguinale incomplète...	1	1	»	»
	Tumeur cancéreuse de la vessie.	1	»	»	1
	Obésité.....................	1	1	»	»
	Rhumatisme articulaire aigu...	1	1	»	»
	Lumbago aigu...............	1	1	»	»
	TOTAL.........	133	89	36	8

TABLE DES MATIÈRES.

FIN DE LA TABLE.

www.ingramcontent.com/pod-product-compliance
Lightning Source LLC
Chambersburg PA
CBHW060530210326
41519CB00014B/3188